参加権を抽選で合計40名様にプレゼント!

江戸時代から受け継がれる「日本一の酒どころ」

灘の酒

灘五郷は、神戸市・西宮市の沿岸部に栄えた、
江戸時代から受け継がれる
「日本一の酒どころ」です。
今津郷、西宮郷、魚崎郷、御影郷、西郷の
5つの地域からなり、灘五郷は
清酒生産量で全国1位を誇ります。

杉玉（酒林）
杉の葉の穂先を集めてボール状にしたもの。毎年、新酒をしぼる頃に新しい杉玉を軒先に吊るし、時間の経過とともに緑から茶色へと1年をかけて色が変化していきます。緑色の杉玉は新酒ができたことを知らせ、「搾りを始めました」というサインになっています。

写真：「昔の酒蔵」沢の鶴資料館

灘の酒は「男酒」で「秋晴れ」

灘の酒は酵母の栄養源となるミネラル分が多い硬水「宮水」を用いるため、比較的発酵期間が短く、やや酸の多い辛口タイプ、新酒の間は香味ともに荒削りでおし味があり、腰のしっかりした酒質であることから「男酒」と称されます。

このような新酒も夏期の貯蔵熟成を経て、荒々しさはすっかり姿を消し、香気が漂い、六味（旨み・甘味・酸味・辛味・苦味・渋味）の調和のとれた張りのあるすっきりした酒質になります。このように秋になって香味が整い、円熟味を増し、酒質が一段と向上することを「秋晴れ」と呼び、他には見られない灘酒の特徴として高く評価されています。

「GI灘五郷」は2018年6月28日に
国税庁長官の指定を受けました。
灘五郷で造られた日本酒を保護する地理的表示制度です。

「GI灘五郷」の生産基準

「GI灘五郷」を名乗る清酒は、酒類の特性を担保するために、
次の生産基準を満たす必要があります。

(1)酒質の特性　“味わいの要素の調和がとれ、後味の切れの良い酒質”
(2)原料及び製法　◎管理機関　◎気候風土　◎人材育成・酒造技術向上への取組

お酒の地理的表示 (GI:Geographical Indication) とは？

地理的表示制度は、酒類の確立した品質や社会的評価がその酒類の産地と本質的なつながりがある場合において、その産地名を独占的に名乗ることができる制度です。

この制度は、ヨーロッパを中心に古くからワインの原産地呼称制度を起源とするものです。ワインのラベル表示は、ワインの出所や品質の判断要素として消費者に重要視されてきましたが、著名になった産地名を名乗る安価なブレンドワインも流通したことなどから、フランス等のワイン主産国では、産地名を名乗ることができる基準である原産地呼称制度を公的に定め、製造者と消費者の双方の利益を確保してきました。

日本では、WTO（世界貿易機関）の発足に際し、ぶどう酒と蒸留酒の地理的表示の保護が加盟国の義務とされたことから、国税庁が「地理的表示に関する表示基準」を平成6年に制定。国内外の地理的表示について適正化を図ってきました。そして、さらなる制度活用のため、平成27年10月に地理的表示の指定を受けるための基準の明確化を行うとともに、すべての酒類を制度の対象としました。

また、地理的表示として規定された一定の基準を満たした酒類であることを、消費者が容易に見分けることができるよう、地理的表示を名乗る酒類にはそのラベルに「地理的表示○○」等の表示を行うことを義務化しました。お酒の地理的表示の使用は、正しい産地であるかどうかを示すだけでなく、その品質においても一定の基準を満たした信頼できるものであると示すことになります。この制度の活用によって、国内外に対して日本各地の特色ある酒類の広い認知と、日本産酒類のブランド価値の向上を図っています。

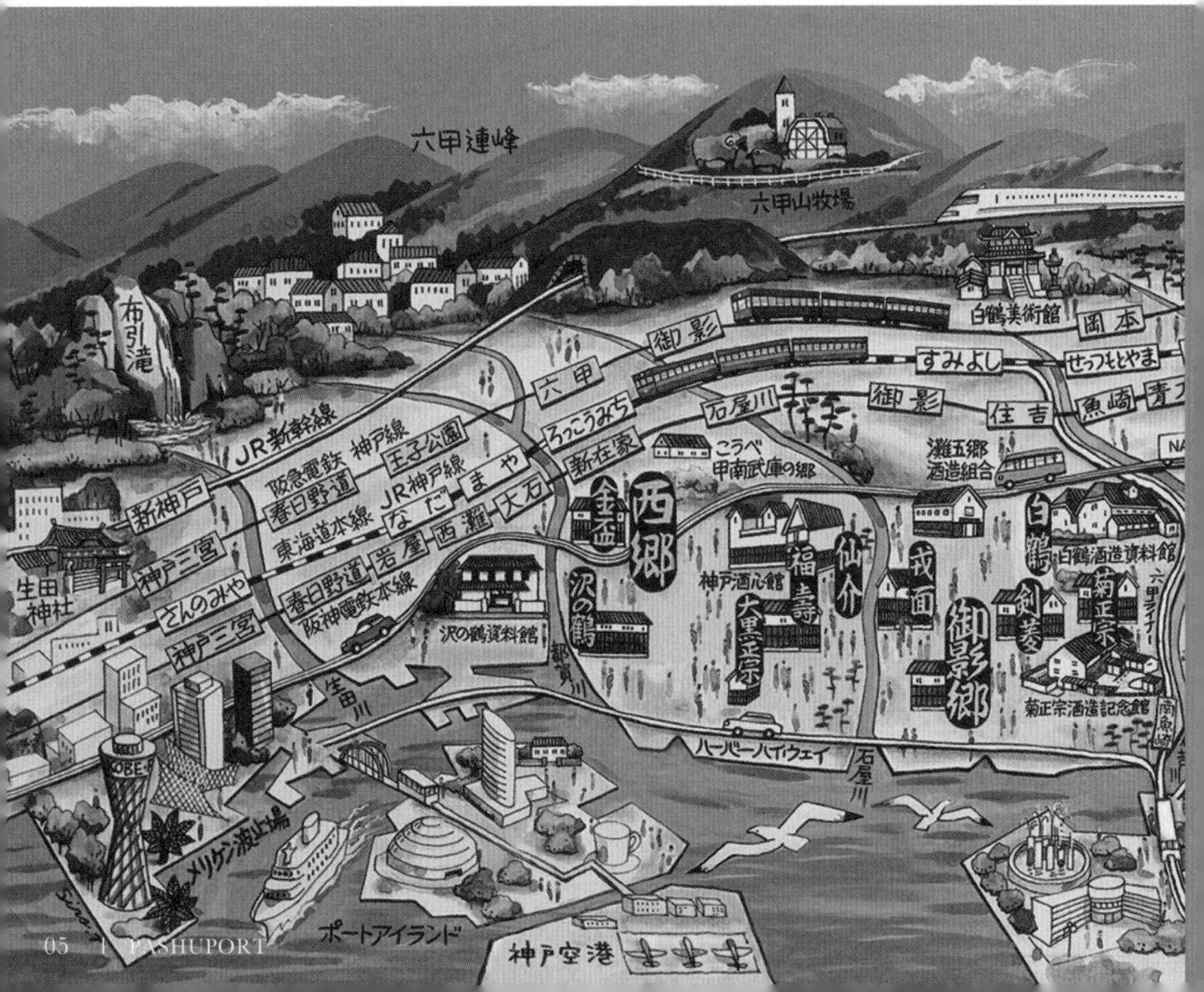

灘五郷の起源

江戸時代に遡る、灘五郷のはじまり

「灘の酒」は、江戸の酒の約8割を供給

灘酒造業が江戸向けの銘醸地として発展したのは、享保期以降、つまり18世紀以降でした。その要因となったのは、高度な酒造技術や西宮の一角から湧き出る良質な水=宮水が挙げられる他、六甲山系の急流を利用した水車による精米量の飛躍的な増大により量産化の道を大きく開いたのでした。さらに、灘地域は船積みの便に恵まれていた上に、西宮に樽廻船問屋ができたため、その発着点になるなど、輸送体制が着実に強化されたことも発展の大きな要因です。

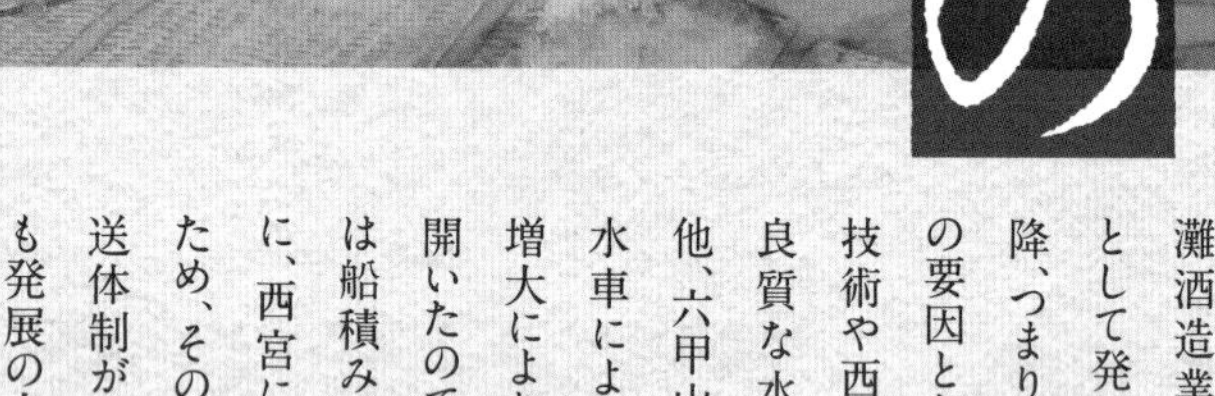

画像提供:菊正宗酒造株式会社

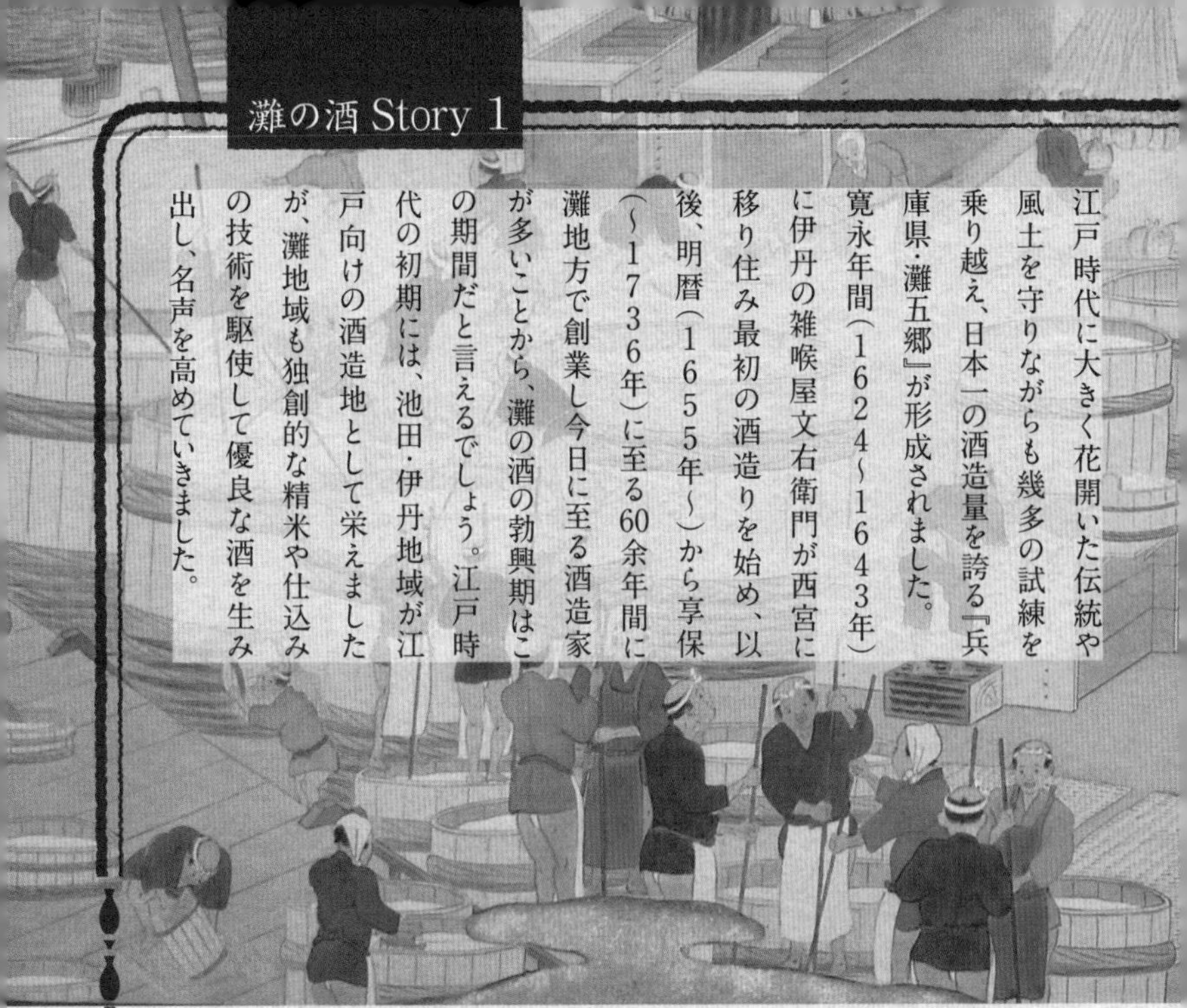

灘の酒 Story 1

江戸時代に大きく花開いた伝統や風土を守りながらも幾多の試練を乗り越え、日本一の酒造量を誇る『兵庫県・灘五郷』が形成されました。寛永年間（1624〜1643年）に伊丹の雑喉屋文右衛門が西宮に移り住み最初の酒造りを始め、以後、明暦（1655年〜）から享保（〜1736年）に至る60余年間に灘地方で創業し今日に至る酒造家が多いことから、灘の酒の勃興期はこの期間だと言えるでしょう。江戸時代の初期には、池田・伊丹地域が江戸向けの酒造地として栄えましたが、灘地域も独創的な精米や仕込みの技術を駆使して優良な酒を生み出し、名声を高めていきました。

画像提供：株式会社升本総本店

江戸時代、酒屋の一大行事・新酒番船

江戸っ子は競って新酒を口にしたいという気風があったようで、〝最初に江戸に入った〟新酒には一年間特別に高い値で取引され、優先的に荷役ができるという制度をつくったことで、錦絵に描かれるほど大人気の行事「新酒番船」レースが生まれました。大阪8軒、西宮6軒の各廻船問屋が一艘ずつ、合計14艘が参加し、江戸まで一気に出帆していきました。通常12日間ほどかかる灘地区から江戸までを、58時間で渡ったという記録が残されています。

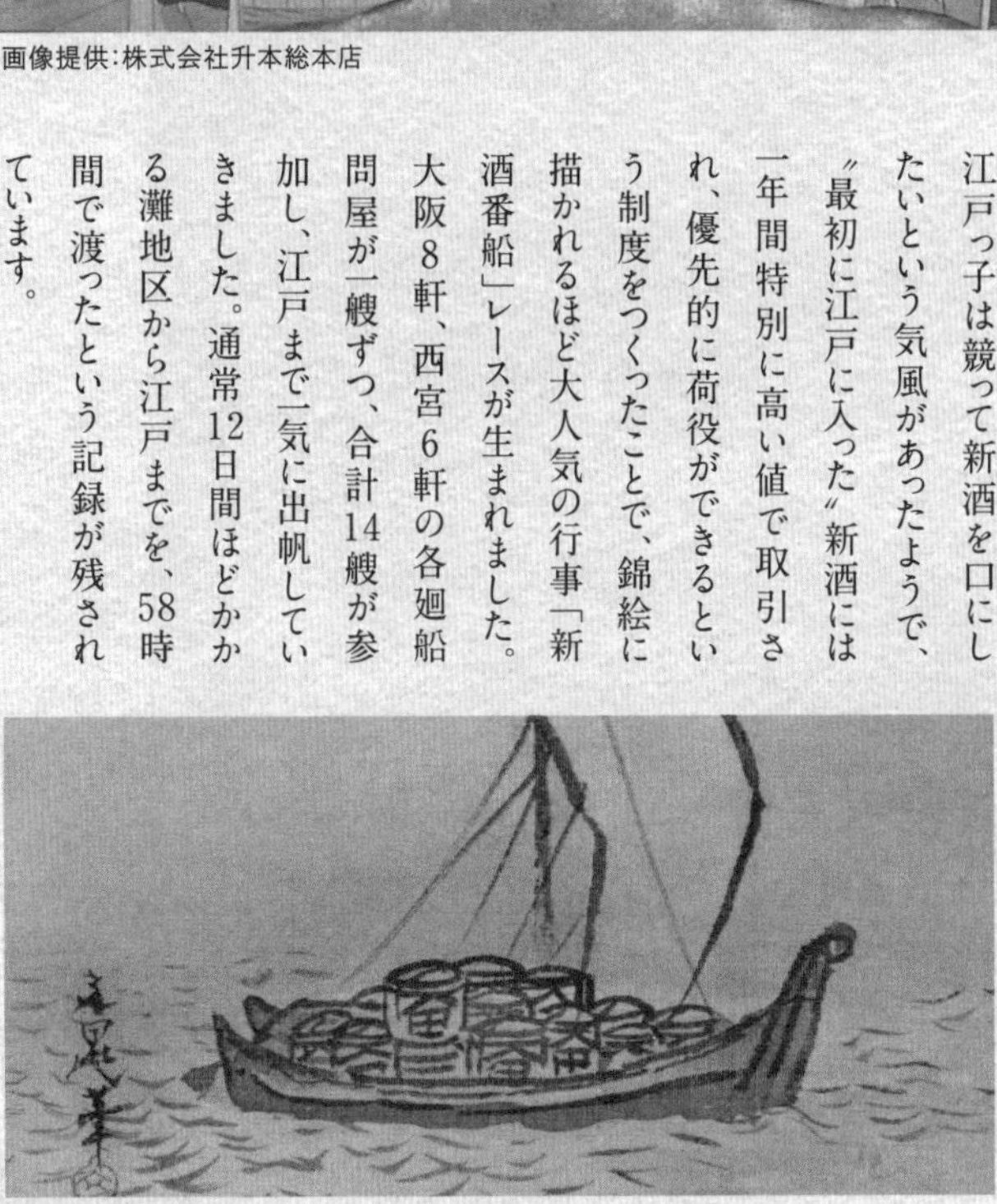

画像提供：菊正宗酒造株式会社

宮水

ミネラル豊富な、酒造りに理想の水

宮水発祥の地「梅の木井戸」

西宮市久保町の酒造会館近くには山邑太左衛門が「宮水」を発見したと伝えられる「梅の木井戸」があります。その横には宮水発祥の地の石碑が立ち、古くからの由来を語りかけてくれます。また、大関・白鹿・白鷹3社の宮水井戸敷地は「宮水庭園」として整備されており、庭園の中に入ることはできませんが、歩道より景観を眺めることができます。

「宮水」は、江戸時代末期、櫻正宗の山邑太左衛門によって発見されました。西宮と魚崎で酒造りをしていた太左衛門は、場所によって造る酒の味が異なることに気付き、その原因が「水」にあることを突き止めました。これが、「宮水」の誕生です。この時代から宮水井戸を持たない酒造家に井戸水を売る〝水屋〟というこの地方独特の商売が起こり、自然の井戸水が商品として売買されていました。この井戸水は最初「西宮の水」と呼ばれていましたが、略されて「宮水」となったといわれています。「宮水」は、リンやカルシウム、カリウムなどのミネラルを多く含む硬水で、ミネラルが麹菌や酵母の栄養分となり、酵素の作用を促すため、灘の酒造りには欠かせない最適な水とされています。酒の色を濃くし、風味を悪くする鉄分は、「宮水」にはほとんど含まれていないのも特徴です。

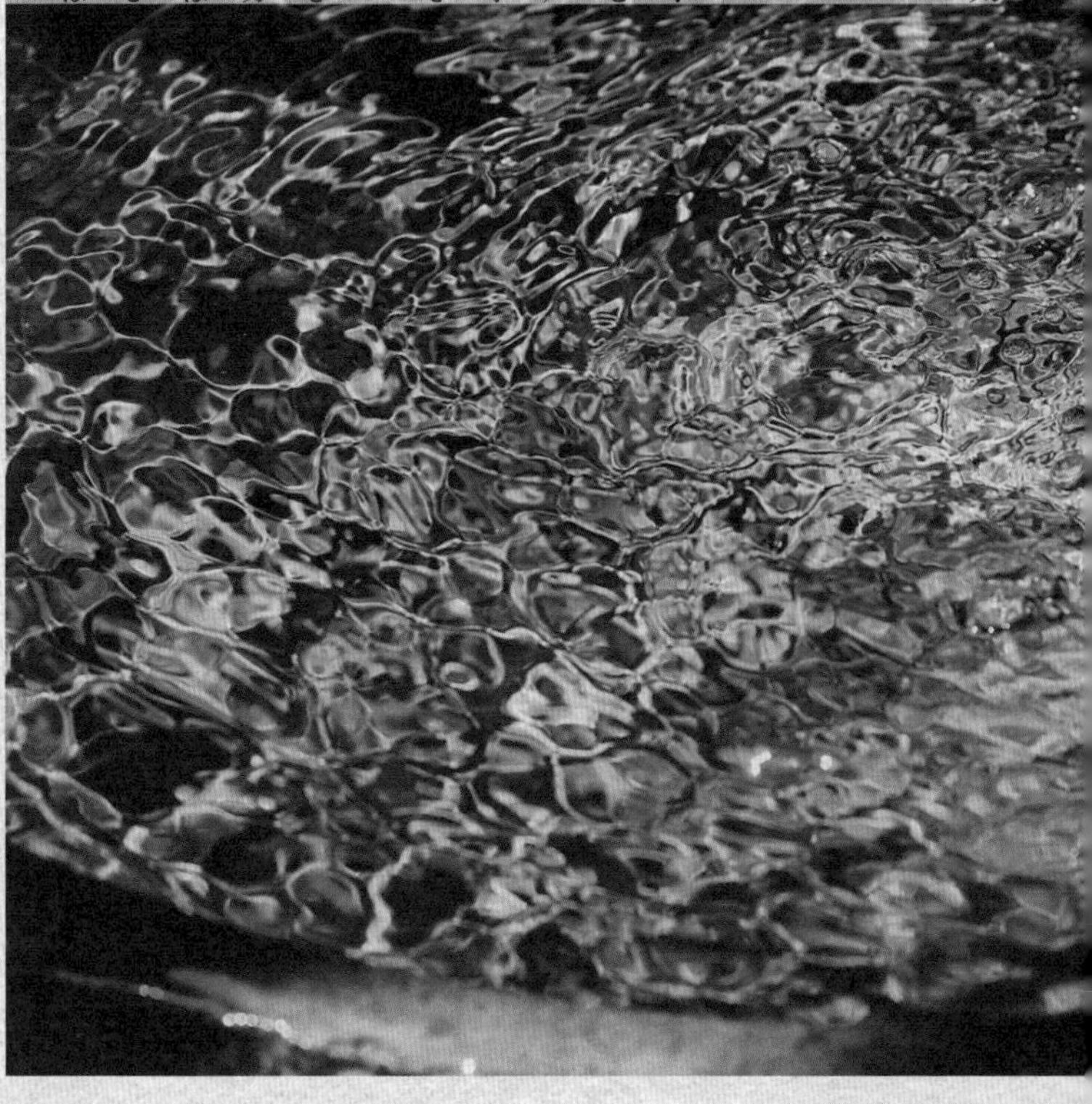

※掲載写真はすべてイメージです。

「山田錦」

誕生から80年を超える、酒米の絶対王者

1923年に兵庫県立農業試験場で「山田穂」を母とし「短稈渡船」を父として人工交配を行い、1936年に山田錦と命名。その後80年を超える長い歴史のなかで、何度も品種改良を試み、また他府県でも数多くの酒米が開発されたが、酒米としての王座を譲りませんでした。「酒米の絶対王者」として名高い「山田錦」。なかでも「兵庫県産山田錦」は品質の良さと生産量から、全国に名を馳せています。その生産地を間近に持つ灘五郷の酒蔵は、古くから山田錦を灘の酒の原料としてきました。兵庫県には「山田錦」を育むために最適の気候と地形、水分と養分をたっぷりと含んだ土壌、そしてこの種子を守り続ける人々の情熱があります。一つひとつの米粒が大きく、米粒の中心にある「心白」が大きく、特に大吟醸を造る際に力を発揮する「兵庫県産山田錦」は、最高の酒米として日本全国の酒蔵から求められ続けています。

兵庫県が守り続ける、山田錦の種子。

一世代目 育種家種子 → 次の育種家種子

一世代目 育種家種子 ← 二世代目 原原種 ← 三世代目 原種 ← 四世代目 種子 ← 五世代目 山田錦

生誕以来、山田錦の特性を守るために種子は厳格に管理されており、兵庫県内の生産者は毎年この種子を用いて山田錦を作り続けています。

※掲載写真はすべてイメージです。

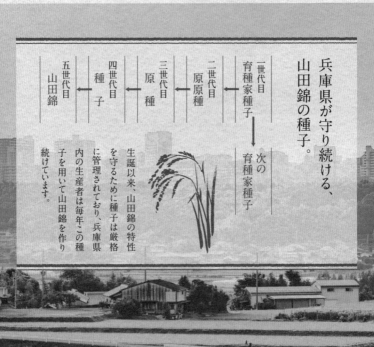

発酵とその管理に、卓越した技術を発揮

「丹波杜氏」

灘五郷の蔵人は、丹波地方の出身者が多く、日本三大杜氏のひとつである「丹波杜氏」として有名です。丹波杜氏の酒造方法が硬水に適していたため、宮水を仕込み水とする灘の酒造りと最高の相性でした。「丹波杜氏にあらざれば杜氏にあらず」と言われるほどの気概で、明治以後技術的に遅れていた他の地方の酒蔵を指導するなど、丹波杜氏は日本酒文化の伝承と発展のために活躍を続けてきました。優れた丹波杜氏の存在が、灘五郷を一大生産地に育て上げた大きな要因のひとつなのです。

酒造流派系統図（近畿地方）

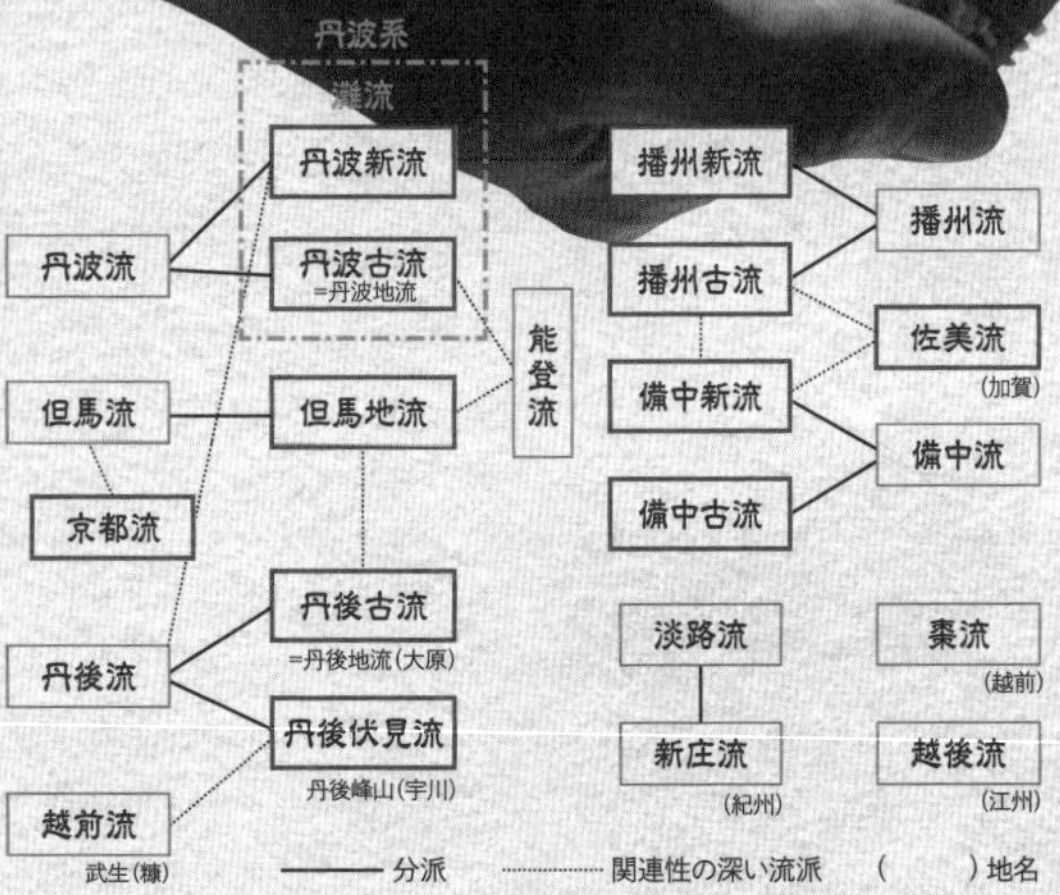

丹波杜氏は、南部杜氏（岩手県）、越後杜氏（新潟県）と共に日本三大杜氏の一つに挙げられ、1775年に兵庫県篠山市出身の酒造工が、大阪府池田市の酒造場の杜氏となったのが起源であると言われています。

※掲載写真はすべてイメージです。

六甲おろしと重ね蔵

灘の寒造りを支えた、自然の恵み

六甲おろしを効率良く利用するために灘の酒蔵は『重ね蔵』という建築様式を採用。北側に仕込蔵兼貯蔵庫が、南側に前蔵が重なったように隣接して東西に長く建てられ、冬期には、北の仕込蔵は六甲おろしを直接受けて酒造りに好適な低温となり、夏期には南からの日光の直射を前蔵が遮り貯蔵庫の低温保持がはかられています。

神戸市から西宮市の市街の背後には六甲山地が東西にそびえ、六甲山地から浜側に向けて吹き降ろす北風を『六甲おろし』と呼び、西からの季節風は明石海峡で収束して山添いに強く吹き抜け、山頂に当たって、六甲おろしとなって加速度をつけて吹き降りてきます。灘五郷の酒造りは『六甲おろし』を活かした気温の低い冬場に日本酒を仕込む「寒造り」を主体とする酒造法を積極的に進め、酒質の向上をはかりました。灘の酒は男酒とされ、伏見の酒は女酒とされるいわれです。

※掲載写真はすべてイメージです。

辰馬本家酒造株式会社

株式会社神戸酒心館

公益財団法人 白鹿記念酒造博物館

白鶴酒造株式会社

Nadagogo Memories

灘五郷 あの頃 -1995

ご紹介の写真は、震災前に撮影された灘五郷酒蔵群の様子です。

写真提供／灘五郷酒造組合

昭和56年編集の「灘の酒ラベル集」には、60社のラベルが残されており、灘の栄光ある歴史が、静かに息づいています。平成7年に発生した阪神・淡路大震災では、白壁土蔵造りの酒蔵や赤煉瓦の酒蔵などが崩壊し、伝統的な景観が大いに損なわれました。震災から24年が経った今、幾多の試練を乗り越えてきた酒造業界の新たな取り組みとして、酒蔵の再建とともに飲食店や直販ショップを併設するなど、日本酒の新たな可能性を追求しています。酒造資料館も全て再建され、日本の伝統を継承する場として一役を担っています。

宮水発祥の地

櫻正宗株式会社

今津灯台

木谷酒造株式会社

櫻正宗株式会社

パ酒ポート®

灘五郷 2019-2020

どこから行く?

酒蔵MAP

Stamprally

大関 甘辛の関寿庵

P34

CAFE

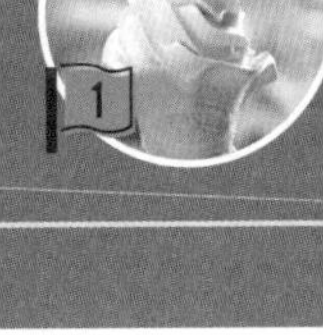

大関株式会社
甘辛の関寿庵

P81

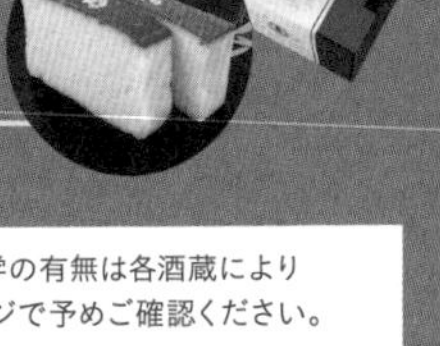

パ酒ポートスタンプ参加施設

※スタンプ、試飲、購入、酒蔵見学の有無は各酒蔵により異なります。詳しくは各酒蔵ページで予めご確認ください。

西宮郷

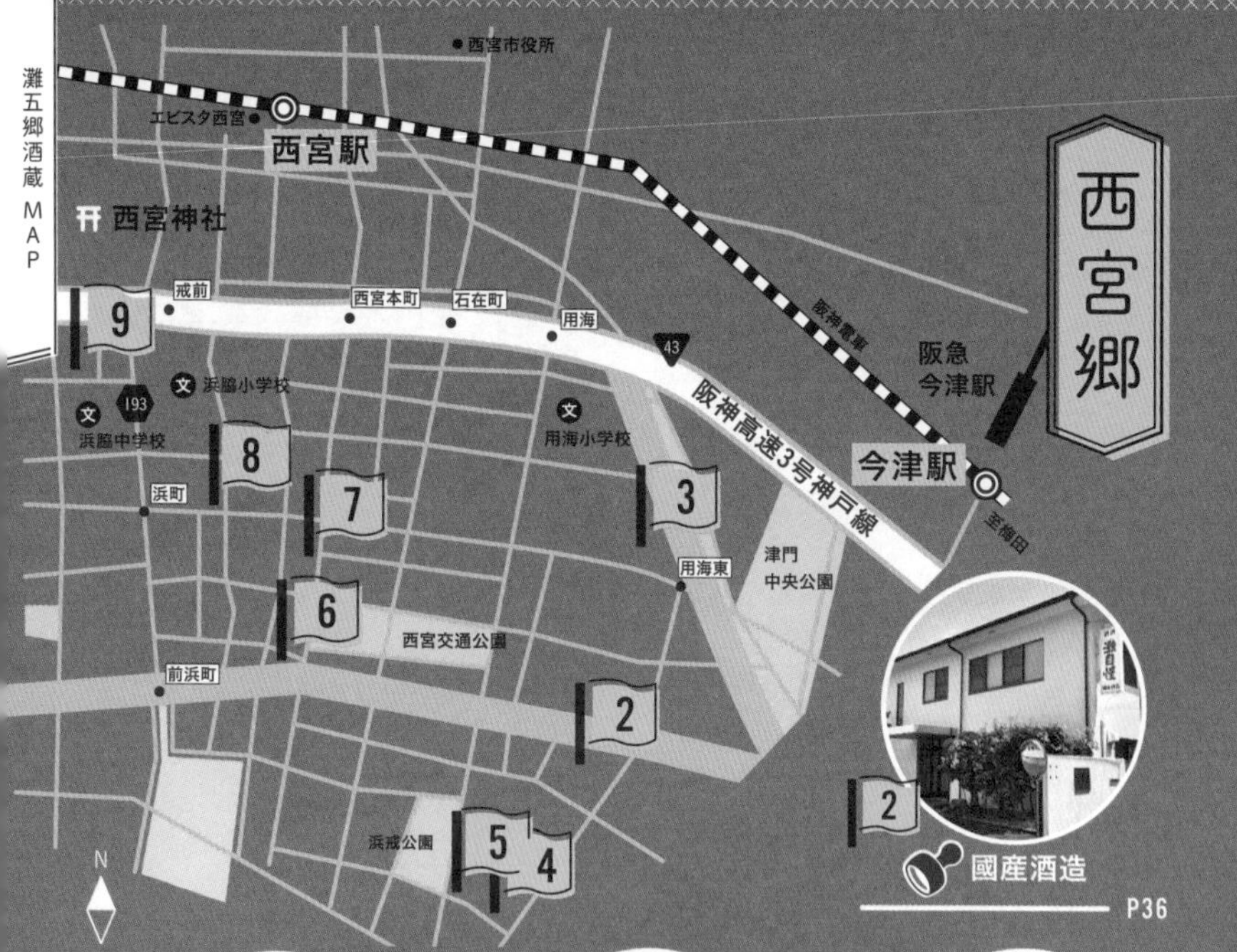

2 國産酒造
P36

3 日本盛 酒蔵通り煉瓦館
P38

4 清酒 德若
P40

5 大澤本家酒造
P42

6 白鹿クラシックス
P44

パ酒ポート
スタンプ
設置なし

7 白鷹禄水苑
P46

8 松竹梅酒造
P48

9 北山酒造
P50

RESTAURANT & BAR

3 日本盛株式会社
酒蔵通り煉瓦館
レストラン花さかり
P78

6 辰馬本家酒造株式会社
白鹿クラシックス
レストラン
P78

7 白鷹禄水苑
蔵 BAR
P80

魚崎郷

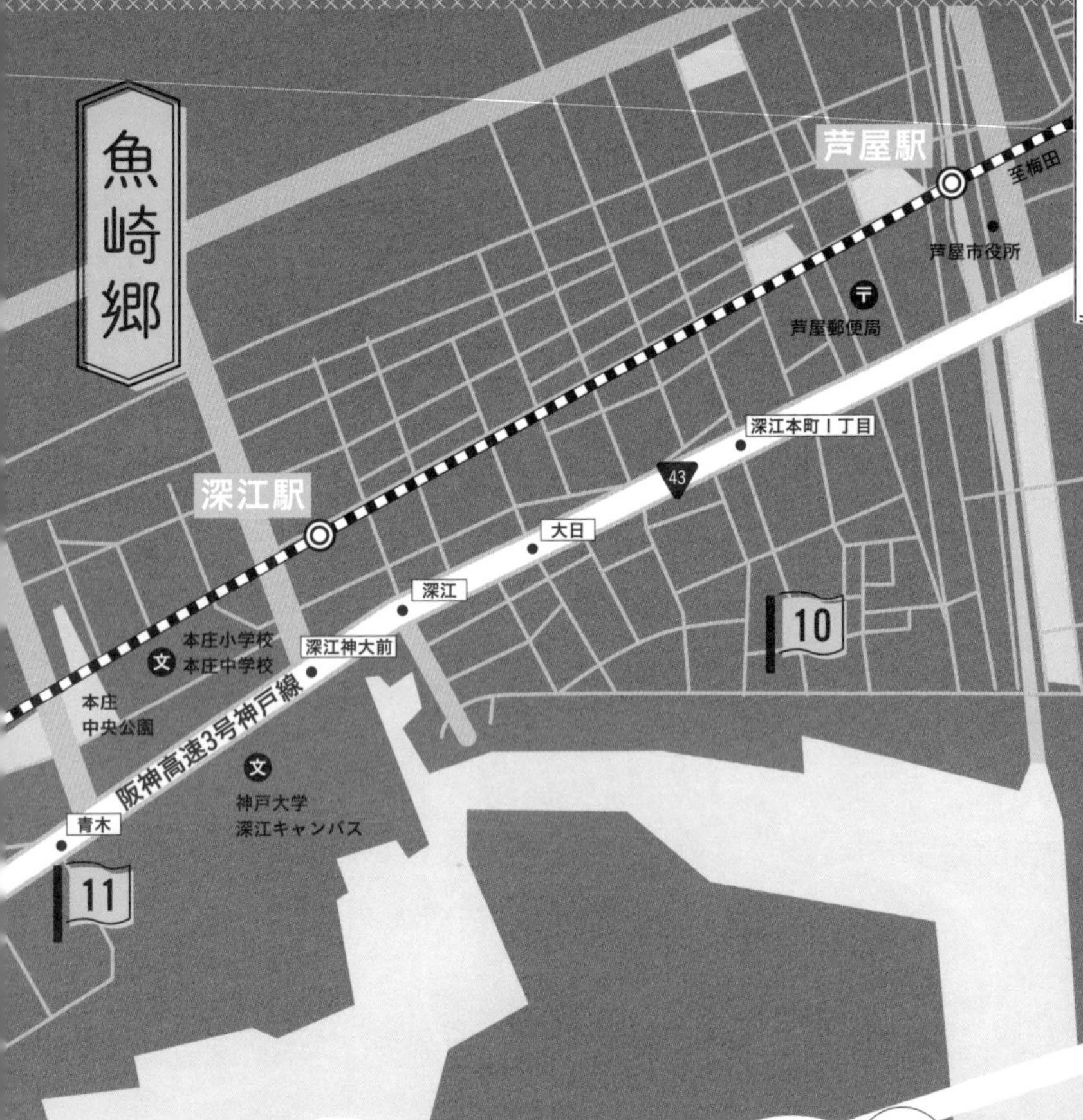

太田酒造 灘 千代田蔵

P52

パ酒ポート
スタンプ
設置なし

松竹梅 白壁蔵

P54

浜福鶴 吟醸工房

P56

櫻正宗記念館 櫻宴

P58

RESTAURANT & BAR

櫻正宗株式会社
酒蔵ダイニング櫻宴

P79

櫻正宗株式会社
呑処 三杯屋

P79

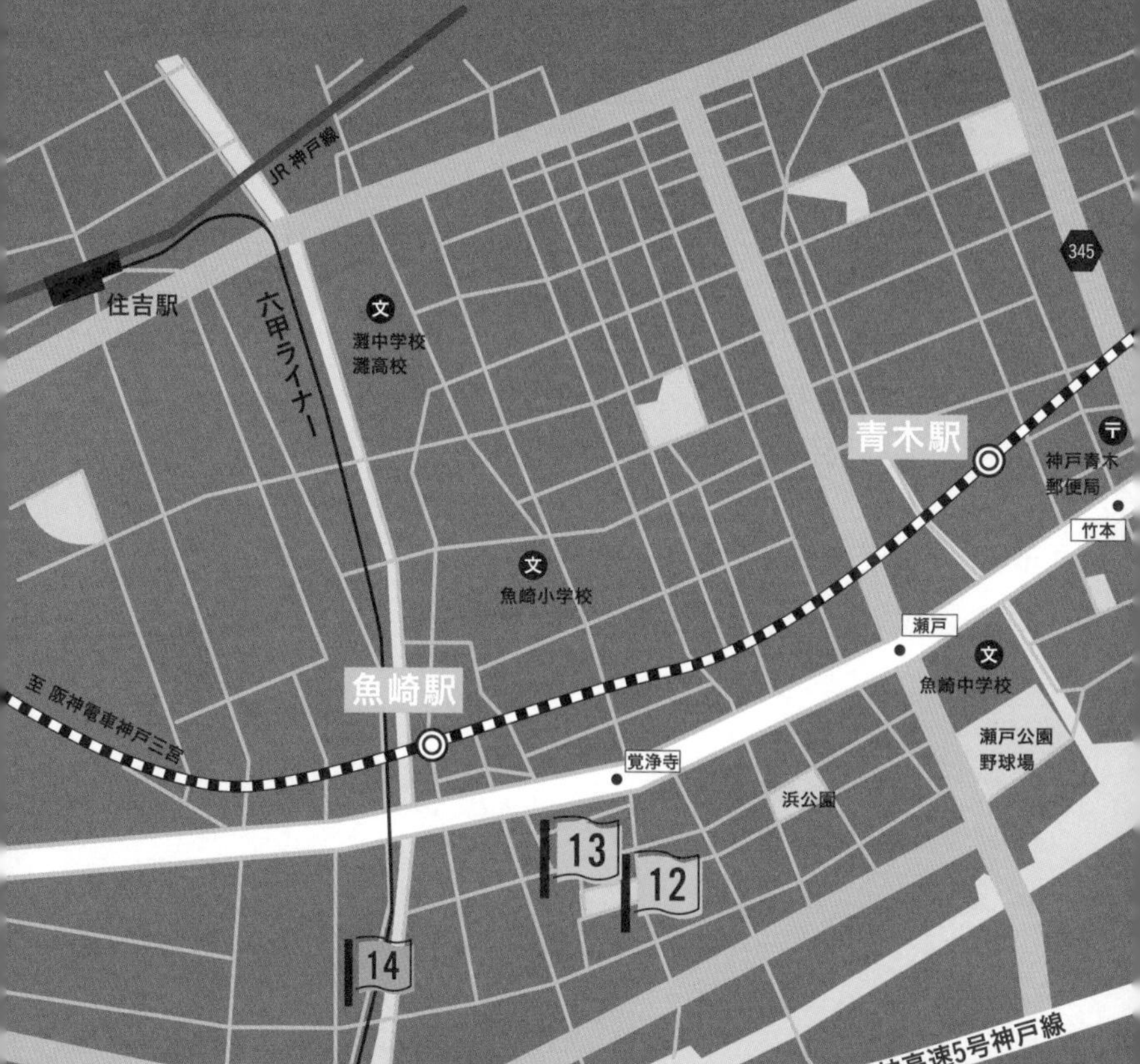

菊正宗酒造記念館

P60

パ酒ポートスタンプ参加施設

※スタンプ、試飲、購入、酒蔵見学の有無は各酒蔵により異なります。詳しくは各酒蔵ページで予めご確認ください。

15

白鶴酒造資料館

P62

16

剣菱酒造

P64

17

泉酒造

P66

18

神戸酒心館
蔵元ショップ『東明蔵』

P68

19

大黒正宗 直売所
「十一代目又四郎」

P70

20

こうべ甲南武庫の郷
(甲南漬資料館 / 甲南漬本店)

P72

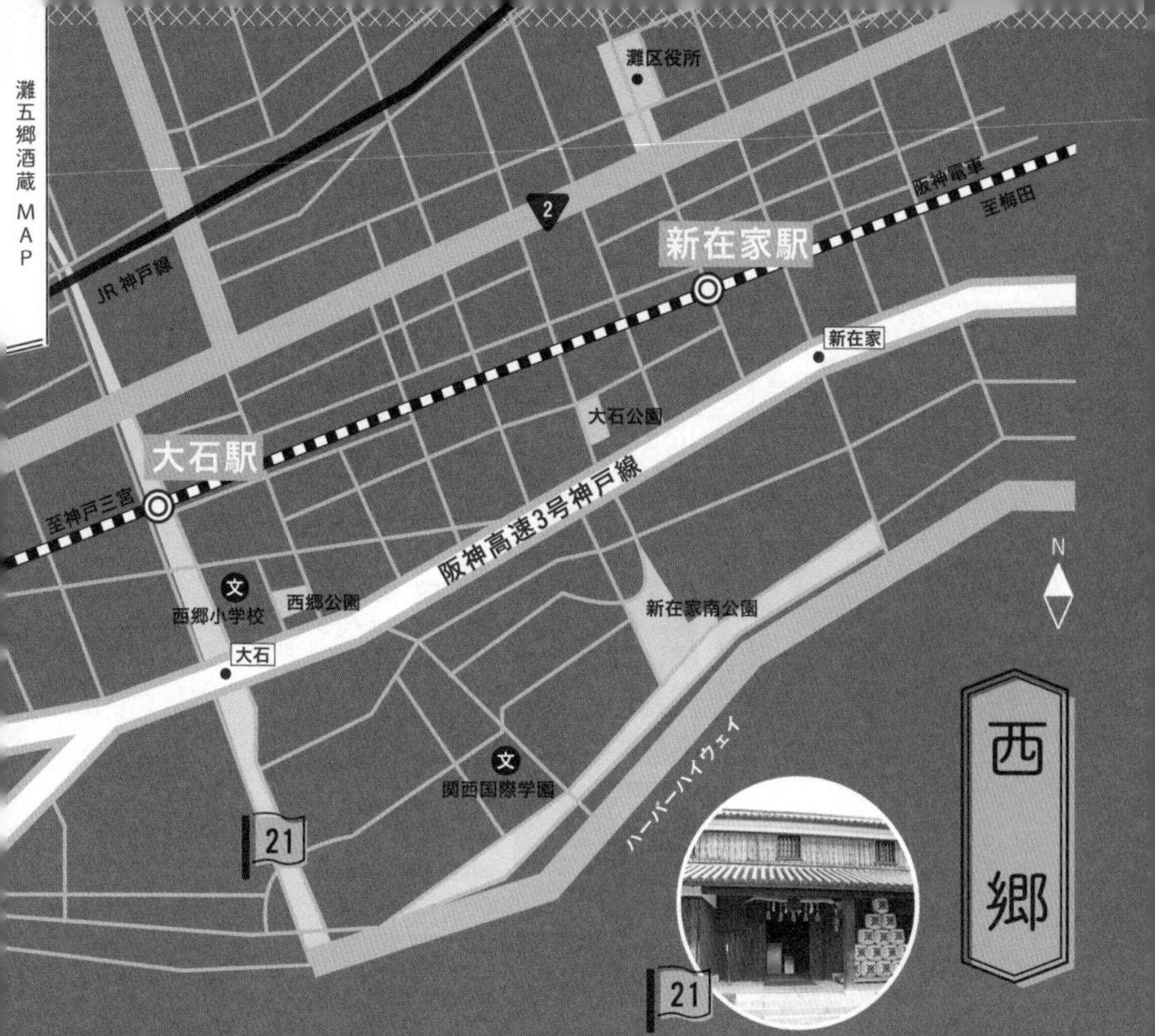

21
昔の酒蔵 沢の鶴資料館
P74

RESTAURANT

18
株式会社 神戸酒心館
蔵の料亭
さかばやし
P80

20
髙嶋酒類食品株式会社
平介茶屋
P81

パ酒ポートスタンプ参加施設

※スタンプ、試飲、購入、酒蔵見学の有無は各酒蔵により異なります。詳しくは各酒蔵ページで予めご確認ください。

STOP！飲酒運転

ほんの少量でも・・・絶対ダメ！
近距離と言っても・・・絶対ダメ！
さめたと思っても・・・絶対ダメ！

UNDER 20

※20歳未満の者の飲酒は法律で禁止されています。
※妊娠中・授乳期の飲酒はお控えください。
※飲酒運転は法律で禁じられています。

阪神沿線の神戸から西宮に広がる
灘五郷酒蔵めぐりへ出かけよう！

HANSHIN ELECTRIC RAILWAY
阪神電車

Sake brewery tour & Premium experience!!

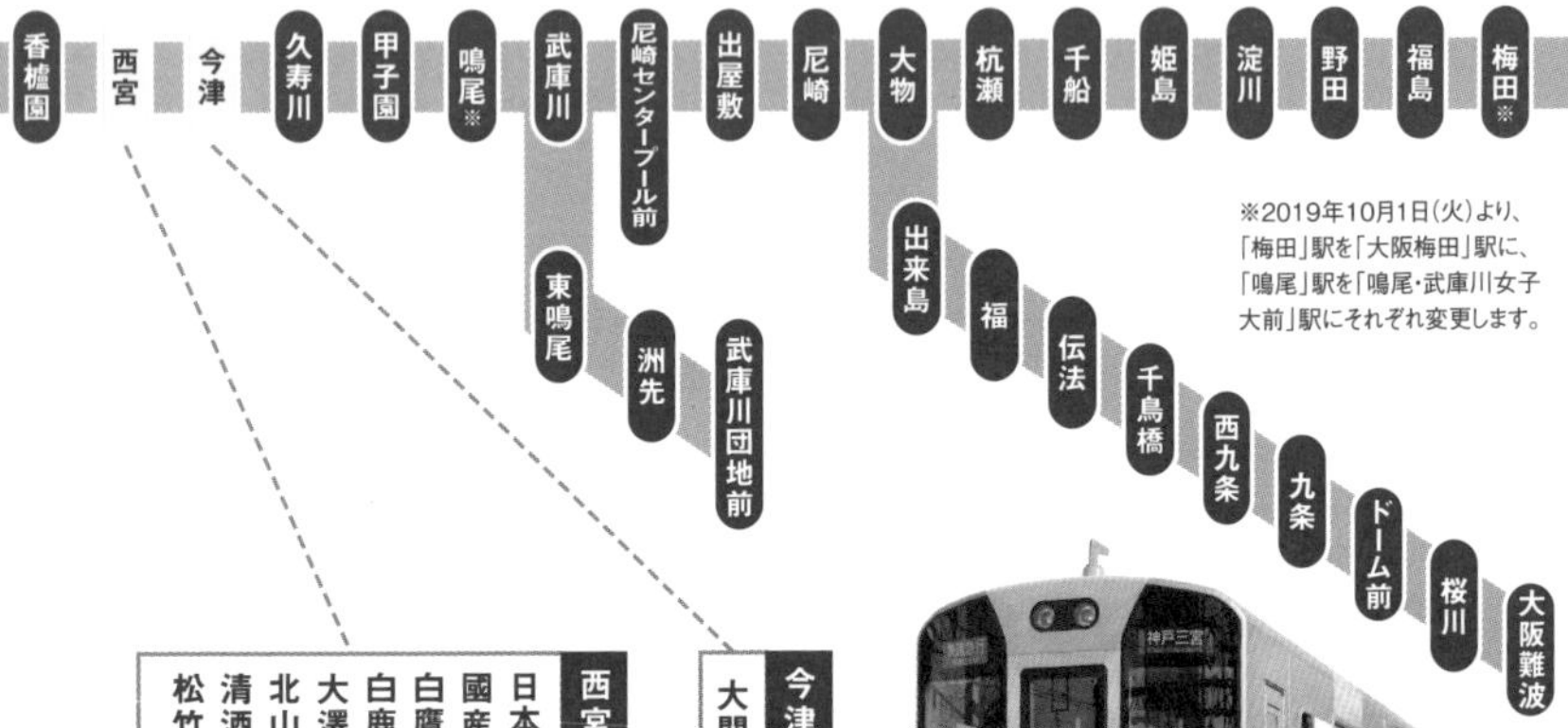

※2019年10月1日(火)より、「梅田」駅を「大阪梅田」駅に、「鳴尾」駅を「鳴尾・武庫川女子大前」駅にそれぞれ変更します。

西宮郷
日本盛 酒蔵通り煉瓦館
國産酒造
白鷹
白鹿クラシックス
大澤本家酒造
北山酒造
清酒 徳若
松竹梅酒造

今津郷
大関 甘辛の関寿庵

阪神電車
HANSHIN ELECTRIC RAILWAY
”たいせつ”がギュッと。

日本一の酒どころ「灘五郷」を結ぶ

阪神電車は、大阪の商業地梅田と神戸の商業地元町を結ぶ本線をメインに、阪神なんば線、武庫川線、神戸高速線の4路線を51駅（他社との共同使用駅2駅を含む）、48.9kmで営業しています。大阪の繁華街として双璧をなす「キタ（梅田）」と「ミナミ（難波）」の両方に乗り入れていることが大きな特徴で、特急、快速急行、急行のほか、平日だけ運転される列車を含め9種類の種別を組み合わせたきめ細やかなダイヤが設定されています。

また、既存の市街地を縫うように結び、道路上を走る「併用軌道（路面電車）」としてスタートしたことから、平均の駅間距離約1kmという短さも特徴のひとつで、まるで日本一の酒どころ「灘五郷（今津郷・西宮郷・魚崎郷・御影郷・西郷）」を結ぶように走っています。

阪神電車の時刻表は
公式サイト
http://rail.hanshin.co.jp/

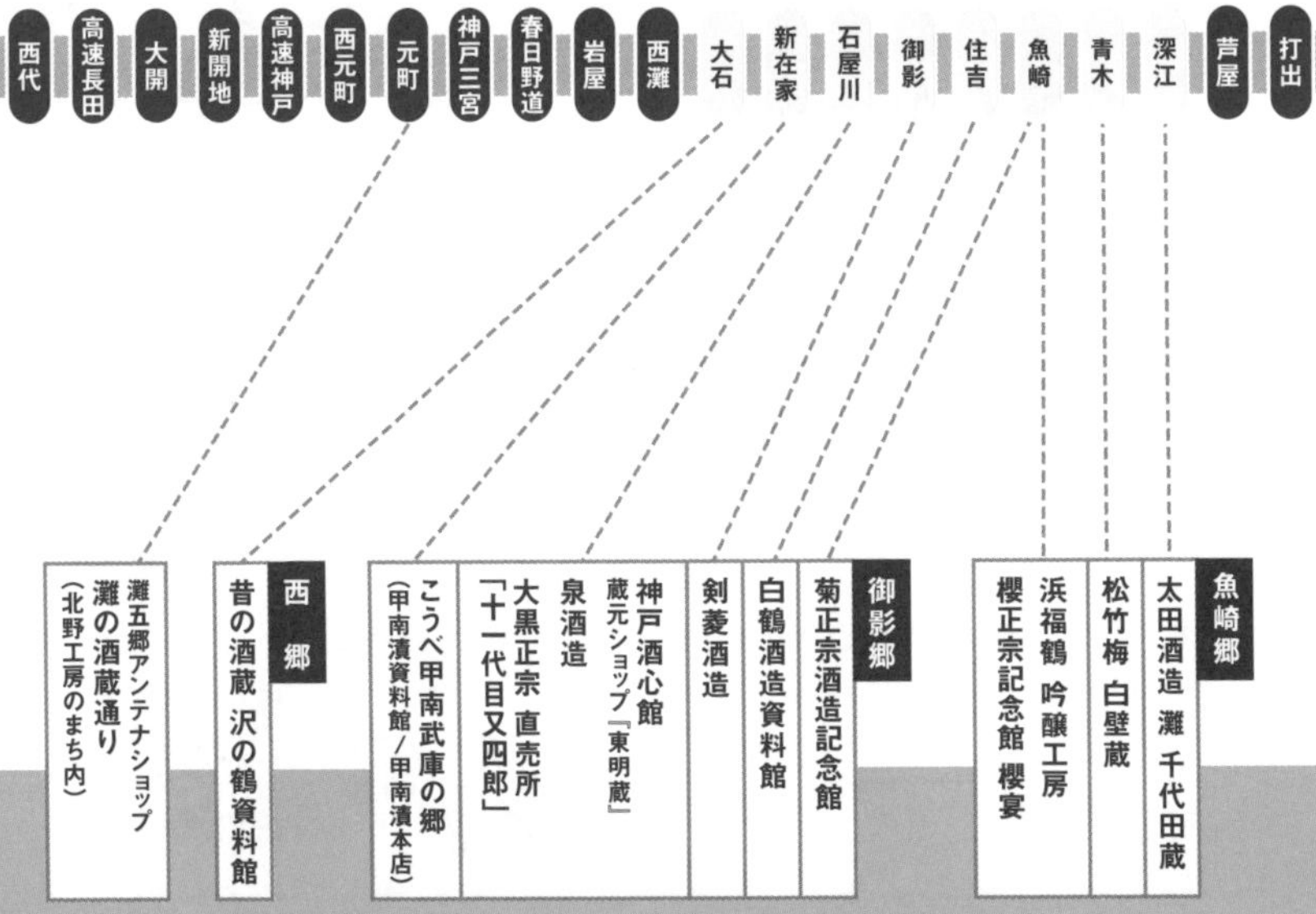

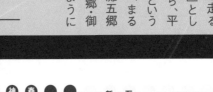

「灘の酒蔵」活性化プロジェクト2019年9月より スタート

Go!Go!灘五郷! 駅装飾

2017年10月より灘五郷酒造組合、神戸市、西宮市、阪神電気鉄道㈱が共同で取り組んでいる『「灘の酒蔵」活性化プロジェクト』。その一環として、灘五郷の酒蔵の最寄り駅に、装飾を実施。日本一の酒どころ「灘五郷」が育んできた日本酒文化を、ほっこり楽しい和風テイストなイラストレーションで表現しています。「既成概念にとらわれず、もっと気軽に日本酒を楽しんでほしい」という思いが込められています。

設置駅 大石駅、新在家駅、石屋川駅、御影駅、住吉駅、魚崎駅、青木駅、深江駅、西宮駅、今津駅

装飾をチラ見せ！

▲魚崎駅

▲西宮駅

他にも酒蔵へ誘導してくれる
装飾がいっぱい！！

「灘の酒蔵」活性化プロジェクトでは、「灘の酒蔵」の魅力を効果的に発信する様々なプロモーション活動を実施中。詳しくはホームページをCheck!
http://www.nadagogo.ne.jp/gogo/

gogo灘五郷 検索

阪神電車
HANSHIN ELECTRIC RAILWAY
"たいせつ"がギュッと。

酒蔵めぐりに
便利でお得なチケット・パス
を利用しよう！

灘五郷酒蔵めぐり1dayチケット2019年版

パ酒ポート2019年版発売期間にあわせて、
酒蔵見学や直売所へのアクセスに便利な切符を期間限定で限定販売。

販売期間 2019年**9**月**1**日（日）～2020年**5**月**10**日（日）

有効期間 販売期間中のお好きな1日

販売金額 **900**円（税込）
限定5,000枚

有効区間
阪神電車全線、神戸高速全線

販売場所
「梅田駅」・「尼崎駅」・「甲子園駅」・「御影駅」・「神戸三宮駅」・「新開地駅」の各駅長室および「神戸三宮駅」西改札外のサービスセンター・「西宮駅」えびす口改札外の阪神西宮おでかけ案内所

2019年度 阪急阪神１dayパス

阪神・阪急沿線および神戸高速沿線にある施設や観光地へのお出かけ、
ビジネスでのご利用など、目的に応じて
お好きな１日が乗り降り自由になる、たいへんお得で便利な乗車券。

販売期間 2019年**4**月**1**日（月）～2020年**3**月**31**日（火）

有効期間 販売期間中のお好きな1日

販売金額 大人 **1,200**円（税込） 小児 **600**円（税込）

有効区間
阪神電車全線、阪急電鉄全線、神戸高速全線

販売場所
「梅田駅」・「尼崎駅」・「甲子園駅」・「御影駅」・「神戸三宮駅」・「新開地駅」の各駅長室および各駅改札口（西代駅・湊川駅の各駅および係員不在時を除く）、大阪難波駅（大人のみ）（東特急券うりば）、阪神電車サービスセンター（神戸三宮駅）

この他にも、期間限定できっぷを販売します

払いもどしは、有効期間内で未使用に限り、購入された窓口でお取扱いいたします。（手数料が必要です）

お問い合せ 阪神電車 運輸部 営業課 **06-6457-2258**（平日 9:00～17:00）

パ酒ポート
ご提示で

全19カ所の対象施設でうけられる

パ酒ポート特典

The Sake Noverty

1,000円（税込）以上お買上げで
ミニきき猪口
プレゼント！

1,000円（税込）以上お買上げで
大吟醸 de あま酒
プレゼント！

2,000円（税込）以上お買上げで
ミニボトル180ml
プレゼント！

※一例

・・・などなど、うれしい特典いっぱい！

特典はパ酒ポート1冊で、お一人様対象1施設につき1回限り

※掲載の情報は、2019年8月下旬のものです。営業時間等変更となる場合がありますので、お出かけの際は事前にご確認ください。

＼スタンプを／ 3個以上集めて応募！

巻末のパ酒ポート専用応募ハガキでご応募ください。

希望のコースに該当するスタンプ数（3個・6個・12個・19個）を集めたら、パ酒ポートスタンプラリーに参加している対象施設でパ酒ポートをご提示ください。スタッフがスタンプの数を確認し、「確認スタンプ（パ印）」をハガキ裏面に押印いたします。ご希望のコースにチェックを付けハガキを投函ください。

※左記4コースの中から、お一人様いずれか1コースのみご応募いただけます。
（全対象施設を完全制覇された方も左記いずれか1コースの応募ができます）。

※一部スタンプ設置のない酒蔵がございます。予めご了承ください。

応募期間 2020年5月31日（日）まで
※有効期限（スタンプ押印・特典有効期間）2020年5月10日（日）まで

※当日消印有効

4つのコースから選んで応募！

スタンプ 3個

酒研究生コース

● 酒蔵オリジナルてぬぐい
… 抽選で30名様

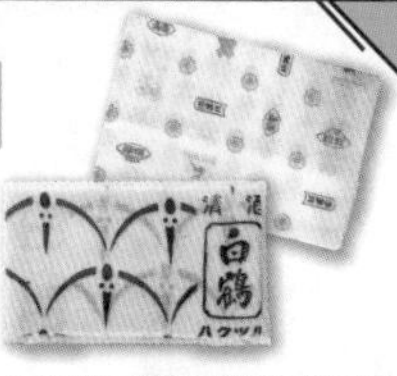

※写真は一例です。デザインは選べません。

スタンプ 6個

酒学士コース

● パ酒ポートセレクション
おつまみセット
…… 抽選で20名様

※写真は一例です。種類は選べません。

スタンプ 12個

酒修士コース

● パ酒ポートセレクション …… 抽選で20名様
灘の酒（1本）プレゼント！
※銘柄等は選べません。

完全制覇おめでとう！

スタンプ 19個

完全制覇コース

Go!Go!灘五郷！
オリジナル帆前掛け
&お酒1本
…………抽選で10名様

完全制覇認定書は全員に差し上げます

※認定書、帆前掛けのデザインは異なる場合がございます。
※お酒のイラストはイメージです。銘柄等は選べません。

 ※掲載写真はすべてイメージです。

試飲やグッズでお気に入りを見つけよう！

酒蔵では、出来たてのお酒を試飲できる事もあります。
お気に入りの銘柄を見つけてみるのも一興です。
また、酒蔵でしか買えない限定酒や
オリジナルグッズが置いてあることも!?
旅の記念に、またはお土産などにも、ぜひお買い求めください。

STOP！飲酒運転

ほんの少量でも・・・絶対ダメ！
近距離と言っても・・・絶対ダメ！
さめたと思っても・・・絶対ダメ！

※20歳未満の者の飲酒は法律で禁止されています。
※妊娠中・授乳期の飲酒はお控えください。
※飲酒運転は法律で禁じられています。

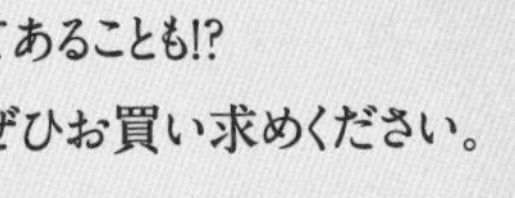

＼マナーを守って／

酒蔵見学を楽しもう！

酒づくりの工程や歴史が知れる他、
酒蔵の人から、
とっておきの話が聞けるのも楽しみのひとつです。

酒蔵見学のマナー

酒蔵見学を希望する際には、必ず事前に確認を！

※酒蔵によっては見学ができない場合があります。
※酒蔵見学が可能な施設でも、少人数で営業されていたり、繁忙期には見学に対応できない場合があります。
※ご紹介の杜氏・工場長などとの記念撮影等はご遠慮ください。

※掲載写真はすべてイメージです。

神戸市・西宮市

灘五郷の酒蔵紹介

２０１９年で2年目を迎えるパ酒ポート灘五郷。神戸市と西宮市の沿岸部に江戸時代からつづく、日本一の酒どころを巡りながらスタンプを集める旅が始まります。酒蔵で開催されるイベントやお目当てのお酒の発売に合わせて巡ったり、近隣の観光地も含めて年間計画を立てて酒蔵巡りを愉しんでは如何ですか？秋に香味が整い、円熟を増し、酒質が一段と向上する「秋晴れ」と呼ばれる灘の「男酒」を、思う存分愉しみましょう！

※印の酒蔵はパ酒ポートスタンプ・
特典の設置はしておりません。
予めご了承ください。

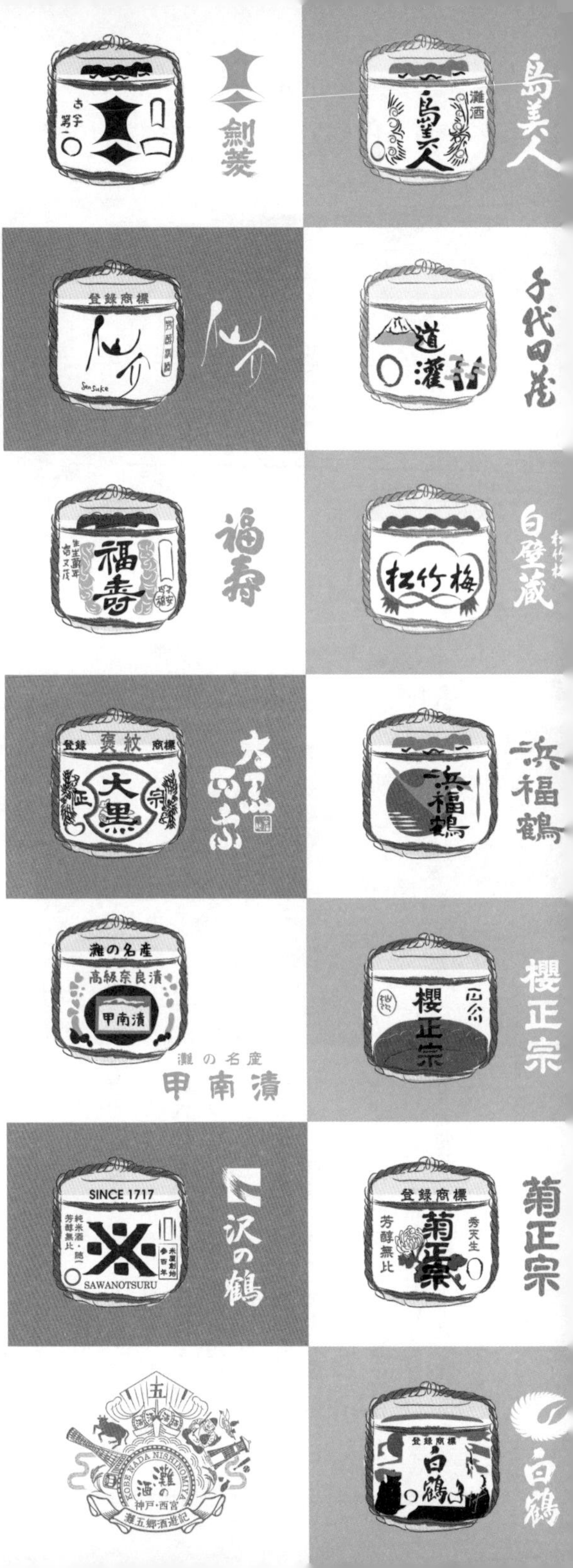

創業:1711年(正徳元年)　代表銘柄:「大関《おおぜき》」

大関 甘辛の関寿庵《せきじゅあん》

01

試飲 ○※	購入 ○
酒蔵見学 ×	

※有料試飲となります。

西郷　御影郷　魚崎郷　西宮郷　今津郷

IMAZUGO

時代にさきがける「魁」の精神を今に継ぐ

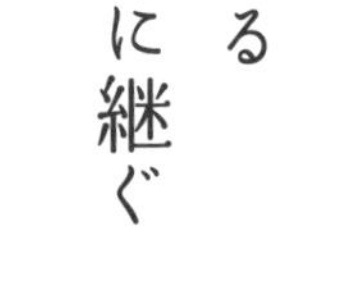

1711年の創業から、伝統の丹波杜氏の酒造りを継承し、新しい技術と融合させることにより、常に進化を続けている「大関」。時代にさきがける「魁」の精神をモットーにオリジナリティ溢れる商品を提供しています。そんな「大関」のこだわりが詰まった直営店「関寿庵」。ここでしか味わえない「しぼりたて生原酒」「蔵出し焼酎」の量り売りをはじめ、大関の酒や酒粕を使用したオリジナルスイーツなど魅力ある商品を取り揃えています。ぜひ併設されている喫茶スペースで、大関こだわりのスイーツを味わいながら、くつろぎの時間をお過ごし下さい。

特典

販売店へ
特典引換後必ず
☑ をつけてください

パ酒ポート提示で

1,000円(税込)以上お買上げで
**きき猪口 1ケ
プレゼント!**

EVENT INFO

▶10/5(土) 魁Bar

▶2/29(土) 蔵開き

関寿庵でしか
味わえない
蔵元限定生原酒

お気軽に
お越し下さい!
お待ちして
おります。

関寿庵
スタッフの皆さん

しぼりたて
大吟醸
生原酒

720ml
1,524円(税別)

大吟醸ならではのフルーティーな吟醸香が香る、口当たりのさっぱりした癖のない味わいが特長。

山田錦(麹米)

精米歩合 50%

日本酒度 +5

アルコール分 19度

本醸造
辛丹波

720ml
863円(税別)

銘酒の造り手として名高い丹波杜氏伝承の技で丹精込めて醸している造り手のこだわりが見える酒。

山田錦(麹米)兵庫県産米

精米歩合 70%

日本酒度 +7

アルコール分 15度

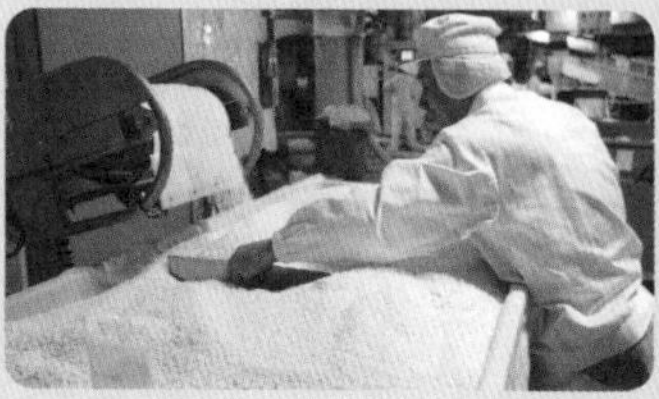

SAKAGURA INFORMATION

甘辛の関寿庵

大関株式会社

住 西宮市今津出在家町3-3
TEL 0798-32-3039
営 10:00〜19:00

休 1/1・2
最寄駅 阪神電車 今津駅・久寿川駅
https://www.ozeki-fc.co.jp/

P

MAP

創業: 1861年(文久元年)　代表銘柄:「灘自慢《なだじまん》」「國産一《こくさんいち》」

國産酒造

02

試飲 ×　購入 ○
酒蔵見学 ×

西郷　御影郷　魚崎郷　西宮郷　今津郷

NISHINOMIYAGO

品質本位を受け継ぎ 灘五郷で自慢できる「國産」印の銘酒

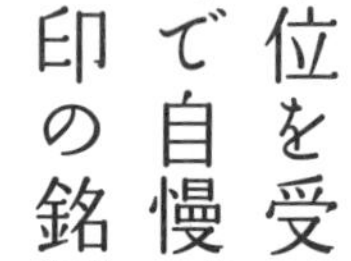

創業１５０年以上の歴史を持つ「國産酒造」は、常に厳選された酒米を高精白に磨きあげ、天与の名水「宮水」で仕込み、精魂込めた技法により豊かな味わいに仕上げられています。戦災を逃れた唯一の蔵「大新蔵」は、築後１００年以上を経た木造の大蔵で、阪神淡路大震災にも倒壊を逃れた強運の酒蔵です。かつては問屋の手印で出荷していた関係から様々な銘柄があり、中でも主として使っていた「國産」印は、戦後社名となり大吟醸造酒「國産一」として受け継がれています。一方「灘自慢」は、昭和35年に新たに発売され、「灘五郷において自慢できる酒」として名付けられました。

特典

販売店へ
特典引換後必ず
☑をつけてください

パ酒ポート提示で

お酒1本以上お買い上げの方に
特製お猪口1ヶプレゼント!
お酒6本以上お買い上げの方に
特製お猪口1ヶ+特製ミニ飾り菰樽プレゼント!
(特製ミニ飾り菰樽は、要予約 毎月3名様)

灘五郷で自慢できるお酒となるよう命名

本醸造酒「灘自慢」

1,800ml
1,951円(税別)

豊潤な本醸造酒で、燗よし、冷やよし、飲み飽きしない、バランスの良い旨みのある酒です。

国産米
精米歩合 70%

日本酒度 ±0

0

アルコール分 15〜16度

大吟醸酒「國産一」

720ml
1,905円(税別)

上品な香り淡麗やや辛口の飲み易い酒好きな方に冷やでゆっくり味わってもらいたいお酒です。

国産米
精米歩合 50%

日本酒度 +4

0

アルコール分 15〜16度

SAKAGURA INFORMATION

國産酒造

國産酒造株式会社

住 西宮市東町1丁目12-34
℡ 0798-34-3456
営 9:00〜12:00　13:00〜17:00
休 土曜・日曜・祝日、年末年始
最寄駅 阪神電車 今津駅

P

MAP

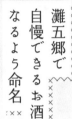

創業：1889年（明治22年）　代表銘柄：「日本盛《にほんさかり》」「惣花《そうはな》」

日本盛 酒蔵通り煉瓦館

03

試飲 ○※　購入 ○

酒蔵見学 ×

※無料・有料試飲ともにあり

西郷　御影郷　魚崎郷　**西宮郷**　今津郷

NISHINOMIYAGO

酒と食と美の追求
幻の銘酒に出会える
古き良き煉瓦造りの蔵

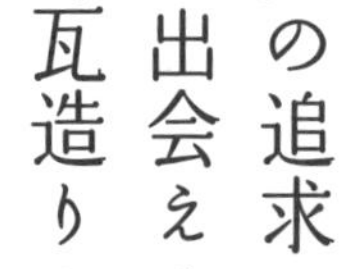

歴史ある酒蔵通りに面した「日本盛 酒蔵通り煉瓦館」は、日本酒情報発信基地として２０１８年にリニューアルオープンしました。館内にはレストランや売店が併設され、蔵元限定酒や菓子、コスメグッズを販売しています。唎酒コーナーでは、サーバーから4種類の原酒を楽しむことができ、量り売りの原酒は煉瓦館限定酒で、店頭に並ぶ日本酒と違い本蔵からの直送された、割り水・調合前のまさに生まれたてのお酒を提供しています。さらにガラス工房の見学や体験、人気のレストラン「花さかり」（P78）では、本格的な懐石料理を味わえます。

特典

販売店へ
特典引換後必ず
☑をつけてください

パ酒ポート提示で

1,000円(税込)以上お買上げで
御猪口のプレゼント

EVENT INFO

- ▶10/5(土) 秋季蔵開き
- ▶12/22(日) 煉瓦館クリスマスコンサート
- ▶1/13(月・祝)2/2(日) 新春酒蔵寄席
- ▶2/22(土) 新酒蔵開き

是非ご来館ください！

マネージャー
川口 和明さん

昔も今も
変わらない幻と
言われるお酒

惣花《そうはな》

300ml/720ml/1800ml
695円/1,600円/3,000円(税別)

華やかな吟醸香、気品のあるコクを有する珠玉の逸品

山田錦 他
精米歩合 55%

日本酒度 -4

0

アルコール分 15～15.9度

日本盛 純米大吟醸

720ml
3,000円(税別)

酒造好適米「山田錦」を精米歩合40％まで磨き上げた極上の純米大吟醸酒

山田錦100％
精米歩合 40%

日本酒度 -2

0

アルコール分 16～16.9度

SAKAGURA INFORMATION

日本盛 酒蔵通り煉瓦館

日本盛株式会社

住 西宮市用海町4-28
Tel 0798-32-2525

営〈4月～9月〉11:00～21:00〈10月～3月〉10:00～21:00
※最終入館時間20:00
売店:〈4月～9月〉11:00～19:00〈10月～3月〉10:00～19:00
レストラン:営業時間はP78を参照
休 売店・レストラン:火曜・水曜、12/31、1/1
※詳しくは要問合せ
最寄駅 阪神電車 今津駅

P

MAP

創業：2005年（平成17年）　代表銘柄：「徳若《とくわか》」

清酒 徳若

04

試飲 ○　購入 ○
酒蔵見学 ○ (要予約)※

※酒蔵は一部見学可能。事前にご相談ください。

今津郷　西宮郷　魚崎郷　御影郷　西郷

NISHINOMIYAGO

原酒のなかの「原酒」新進気鋭の蔵元が醸す若く清らかな生酒に万歳

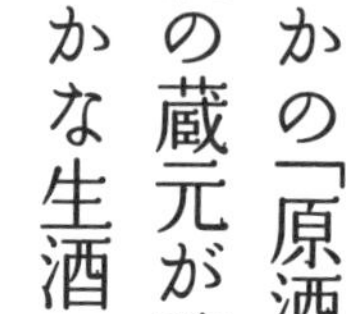

地元では知る人ぞ知る造り酒屋「万代大澤醸造」。こだわりは「原酒」。お酒の味や香りを活かすために、搾ったそのままの状態を瓶詰めし、無ろ過もしくは最小限のろ過で加水は一切しないをモットーに、清酒「徳若」を醸造しています。ポタポタと自然に滴り落ちるしぼりたての原酒は、フルーティーで飲みやすく日本酒通にも人気があり、そのほとんどが蔵元直売です。来客の途切れない小さな直売所では、搾りたて無ろ過生原酒など販売商品のすべてを取りそろえ、試飲も可能です。フレッシュで澄んだ原酒の醍醐味を味わえます。

特典 販売店へ特典引換後必ず☑をつけてください	EVENT INFO
パ酒ポート提示で	▶2月中旬　蔵開き

2,000円（税込）以上お買上げで
酒かす（300g）プレゼント！
※在庫切れとなる場合がございます。

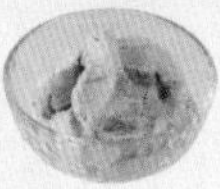

華やかな風味とまろやかさの両方を兼ね備えたお酒

代表取締役
大澤 弘一さん

徳若 純米大吟醸 しずく酒 生原酒

500ml
3,400 円（税別）

山田錦を100％使用したフルーティーで香り高い無ろ過の生原酒です。

兵庫県三木市吉川町産山田錦
精米歩合 50%

日本酒度 +3〜4

アルコール分 17度

徳若 極《きわみ》

720ml
2,315円（税別）

アルコール度数25度の原酒です。ロックもしくはソーダ割りでも最適です。

–
精米歩合 70%

日本酒度 −1

アルコール分 25度

SAKAGURA INFORMATION

清酒 徳若

万代大澤醸造株式会社

住 西宮市東町1-13-25
TEL 0798-34-1300

営 10:00〜17:00
休 水曜・年末年始
最寄駅 阪神電車 西宮駅

P　MAP

創業：1770年（明和7年）　代表銘柄：「寳娘《たからむすめ》」

大澤本家酒造

05

試飲 ○　購入 ○
酒蔵見学 ○（要予約）

今津郷　西宮郷　魚崎郷　御影郷　西郷

NISHINOMIYAGO

原酒一筋250年余
手づくりで醸造する
まぼろしの銘酒「寳娘」

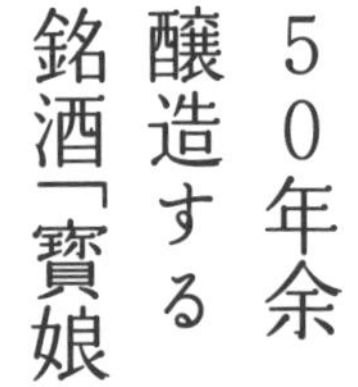

250余年の伝統と歴史を持ち、手づくりの原酒を先祖代々受け継いでいる酒蔵。最大のこだわりは「原酒」。水を一切加えず、混じりっけのない、醸造したままのお酒で、かつては蔵人しか飲むことができなかった、まぼろしの酒です。商品ラインナップは25度・23度・20度の3種類。酒本来のコクと香りが愉しめます。自分の手で責任を持って売ることをモットーに、商品はすべて製造直売。灘五郷の中でも小さな蔵元ですが、人の手の温もりが伝わる丁寧な酒づくりを守り、限られた商品を大切にしています。

特典

販売店へ
特典引換後必ず
☑をつけてください

パ酒ポート提示で

2,000円(税込)以上お買上げで
寶娘ミニボトル180ml
プレゼント!

EVENT INFO

▶毎年12月初旬〜2月中旬　酒蔵見学
※12/31〜1/3休み
※事前にお電話にてご予約ください。

創業250年、
これからも
お客様から必要と
される手造りの
より良いお酒を
醸造し続けます。

(左)9代目当主
代表取締役社長
大澤 一雅さん
(右)取締役専務
大澤 一慶さん

わが子を
育てるように丁寧に
手造りしたお酒

寶娘 上撰

1,800ml
1,065円(税別)

飲み応えがあり、後味には熟成されたうまみがしっかりとあるお酒。

酒母米、麹米は
日本晴
掛米は兵庫県産

日本酒度 +3

アルコール分 16度

寶娘 純米大吟醸 原酒

720ml
2,963円(税別)

全量兵庫県産山田錦で仕込んだ淡麗辛口、火入れなしの無濾過本生純米大吟醸原酒。

兵庫県産 山田錦
精米歩合 50%

日本酒度 +3

アルコール分 17度

SAKAGURA INFORMATION

大澤本家酒造

大澤本家酒造株式会社

[住] 西宮市東町1丁目13-28
[電] 0798-33-0287
[営] 10:00〜17:30
[休] 不定休(12/31、1/1・2・3、8/13〜15ほか)
[最寄駅] 阪神電車 西宮駅

P

MAP

創業：1662年（寛文2年）　代表銘柄：「黒松白鹿《くろまつはくしか》」「白鹿《はくしか》」

白鹿クラシックス

06

試飲 ○※　購入 ○
酒蔵見学 ×

※有料試飲となります。

西郷　御影郷　魚崎郷　西宮郷　今津郷

NISHINOMIYAGO

美酒佳肴に酔い
食と会話に寄り添う
銘酒を育てる蔵

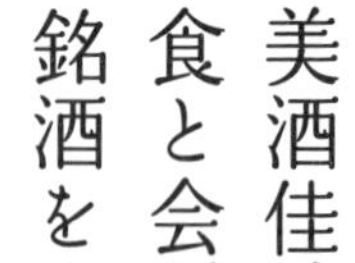

蔵元直営のお酒とこだわりのアイテムを取り揃えたショップ。家で楽しむためのお酒や食品、そしてお土産から贈り物まで、蔵元が提案する「ちょっとした贅沢感」を感じられるお店です。人気は店内で瓶詰めする蔵元直営の、ここでしか味わえないしぼりたて原酒を含む3種類のお酒。お好きなお酒を選んで量り売りで販売しています。また、四季の移ろいを表す「花と料理と日本酒と。」をテーマにしたレストラン（P78）は落ち着いた雰囲気の中でお酒とお料理を愉しめます。近隣には「白鹿記念酒蔵博物館（酒ミュージアム）（P87）」もあり、350年以上続く歴史に触れることができます。

特典

販売店へ特典引換後必ず☑をつけてください

パ酒ポート提示で

お買い上げの方に
白鹿ピンズプレゼント！

EVENT INFO

▶2月中旬　蔵開き

白鹿クラシックス スタッフ
三宅 麻由さん

フルーティーな香りが女性でも飲みやすい日本酒

白鹿クラシックス 西宮郷大吟醸 生貯蔵酒

720ml
1,500円(税別)

フルーティーな香りとフレッシュな味。のど越しすっきりとした味わいの大吟醸です。

こうじ米:山田錦/掛け米:日本晴
精米歩合 50%

日本酒度 +2

アルコール分 13度以上14度未満

超特撰 黒松白鹿 豪華千年壽 純米大吟醸

720ml
2,485円(税別)

新鮮な果物にも似た爽やかな香りと、ソフトでしかも深みのある純米大吟醸です。

こうじ米:山田錦/掛け米:日本晴
精米歩合 50%

日本酒度 ±0

アルコール分 15度以上16度未満

SAKAGURA INFORMATION

白鹿クラシックス

辰馬本家酒造株式会社

住 西宮市鞍掛町7-7
TEL 0798-35-0286
営 10:00〜19:00
休 火曜、年末年始(12/31〜1/3)
最寄駅 阪神電車 西宮駅

P　MAP

創業：1862年（文久2年）　代表銘柄：「白鷹《はくたか》」

白鷹禄水苑

07

試飲 ○※　購入 ○
酒蔵見学 ○（要予約）※

西郷　御影郷　魚崎郷　西宮郷　今津郷

NISHINOMIYAGO

※酒蔵見学は1・2月のみ ※有料試飲あり（3種/1ショット50ml 200円）
※暮らしの展示室と白鷹集古館は無料見学可能

霊鳥「鷹」がもつ風格と清らかな「白」を併せ持ち生粋な灘酒をつくる蔵

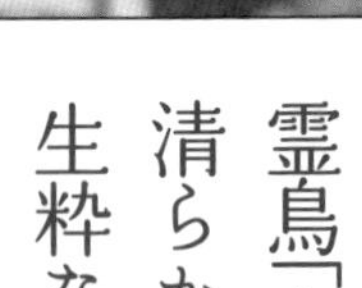

1862年に初代辰馬悦蔵が現在地に創業。以来『品質第一主義』・『超一流主義』に徹した酒造りをし、現在も大量生産はせず、伝統の一季醸造（寒造り）を行い、品質を保つことができる量のみを造り続けています。建物は、酒造りとともに営まれる蔵元辰馬家の暮らしをイメージ再現し、蔵元の生活道具の展示や、多目的ホール、レストラン、蔵バーを併設。ショップでは日本全国からセレクトされた、お酒にぴったりなおつまみや酒器の販売もあり、土・日・祝限定の蔵バーでは、限定酒や白鷹の代表酒を気軽に楽しむことができます。

EVENT INFO

▶10/19(土) 日本酒とチーズを愉しむ会
▶10/27(日) イタリアンで愉しむ秋の熟成純米酒
▶1～2月　酒蔵見学&しぼりたて新酒を楽しむ会
(いずれも要予約　詳細はホームページ参照)

様々な日本酒イベント・講座を開催！詳細はホームページへ！

白鷹禄水苑の皆さん

料理をさらに美味しく引き立てる白鷹を象徴する一本

大吟醸純米 極上白鷹

1,800ml
5,000円(税別)

生酛造りならではのふくらみのある味わいと絶妙のキレの良さが特長の純米大吟醸。

特A地区兵庫県吉川町産 山田錦
精米歩合 50%

日本酒度 +2

アルコール分 16.0～16.9度

吟醸純米 超特撰白鷹

1,800ml
3,000円(税別)

豊かなコクと深みのある味わい酒通好みの純米吟醸。

特A地区兵庫県吉川町産 山田錦
精米歩合 60%

日本酒度 +3

アルコール分 16.0～16.9度

SAKAGURA INFORMATION

白鷹禄水苑

白鷹株式会社

住 西宮市鞍掛町5-1　TEL 0798-39-0235
営 11:00～19:00　展示室 18:30まで
蔵バー 土・日・祝 12:00～19:00(1ショット90ml 300円～)

休 第1・3水曜、年末年始(12/31～1/1)
最寄駅 阪神電車 西宮駅　https://hakutaka-shop.jp/

※特典およびスタンプの設置はしておりませんので、ご了承ください。

P　公式HP

創業：1950年（昭和25年）　代表銘柄：「灘一」

松竹梅酒造

08

試飲 ×　購入 ○
酒蔵見学 ×

今津郷　西宮郷　魚崎郷　御影郷　西郷

NISHINOMIYAGO

灘で一番を心に 毎日の食事で選ばれる 個性が光る酒蔵

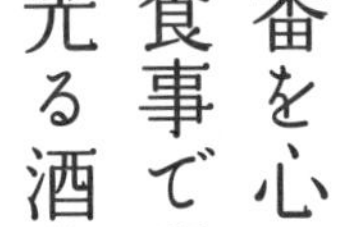

戦前にまぼろしの銘酒とも言われていた現「灘一」を戦後に復活させ、その製造技術を脈々と受け継いできた松竹梅酒造は、小規模でありながらもファンの期待に応えるべく、個性に磨きをかけている酒造メーカー。「和食の時は日本酒」ではなく「食事の時は灘一」でありたい。もっと多くの場面で、もっと普段の食卓で、当たり前の風景のように日本酒を楽しんでいただきたい。そんな想いで造られています。その飲み口は、お料理の相性を選ばず癖のないさっぱりとした味わい。ほんの少しだけ、日常に「灘一」のお酒がある風景が増えれば幸いです。

特典

販売店へ
特典引換後必ず
☑をつけてください

パ酒ポート提示で

1,000円(税込)以上お買上げで
粗品プレゼント!

幻の銘酒
「灘一」をぜひ
お試しください。

代表取締役
吉本 巧さん

風味とコクが最も際立つ原酒

上撰 原酒

720ml
1,019円(税別)

薫り高い風味とまったりとしたコクをお楽しみください。

日本酒度 +0.8

アルコール分
19.0度以上20.0度未満

純米吟醸

720ml
1,111円(税別)

華やかで上品な味わいをお楽しみいただける純米吟醸酒です。

—

精米歩合 60%

日本酒度 -0.5

アルコール分
15.0度以上16.0度未満

SAKAGURA INFORMATION

松竹梅酒造

松竹梅酒造株式会社

住 兵庫県西宮市浜町13-10
Tel 0798-34-1234
営 9:00-17:00
休 土日祝、お盆休み、年末年始
最寄駅 阪神電鉄 西宮駅

P MAP

創業：1919年（大正8年）　代表銘柄：「島美人《しまびじん》」

北山酒造

09

試飲 ○※　購入 ○
酒蔵見学 ×

※1回に3〜4名様まで試飲可能

西郷　御影郷　魚崎郷　**西宮郷**　今津郷

NISHINOMIYAGO

西宮戎神社のお膝下で地元に愛され続ける力強くも優しい美人の蔵

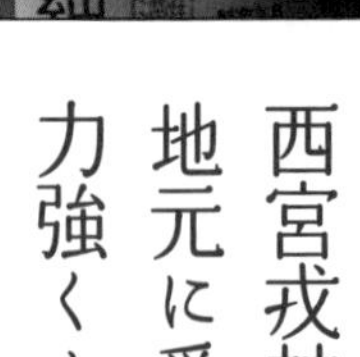

かつて約200年に渡り「ローズ味醂」と名付けた味醂を醸造・販売していましたが、1919年に清酒醸造に転業し、銘酒「島美人」が誕生しました。創業時は兵庫県加東郡河合村粟生字島（現在の兵庫県小野市）に醸造蔵があったため、地名から「島」という字を取り、「島美人」の名が生まれました。創業当時より「本当に美味しい日本酒を毎日飲めるお手頃価格で」を心がけ、和食だけでなく、様々な料理に合う日本酒を提供していますので、ぜひ日常の中に気軽に取り入れてお楽しみください。

特典

販売店へ
特典引換後必ず
☑をつけてください

パ酒ポート提示で

1,000円(税込)以上お買上げで
**島美人オリジナルお猪口
またはオリジナルグラスプレゼント!**
※数量限定のため先着順となります。

営業企画担当
北山 未来さん

酒米の王様「山田錦」のみを使用した、甘く爽やかな大吟醸酒

美人蔵部
純米大吟醸
島美人

720ml
2,130円(税別)

フルーティな吟醸香がほのかに香る、豊かでコクのある極上のお酒です。

山田錦
精米歩合 45%

日本酒度 -2

0

アルコール分 15〜16度

美人蔵部
本醸造生酒原酒
島美人

720ml
1,019円(税別)

アルコール度が高いもののスッキリと飲みやすく生酒ならではのフレッシュな香味と原酒ならではの濃醇さが特徴です。

五百万石日本晴
精米歩合 70%

日本酒度 +0.5

0

アルコール分 19〜20度

SAKAGURA INFORMATION

北山酒造

北山酒造株式会社
住 西宮市宮前町8-3
TEL 0798-33-2121(来店前に要電話)

営 平日9:00〜17:00
休 土日祝、その他不定休
(事前にご連絡ください)
最寄駅 阪神電車 西宮駅

※近隣に有料Pあり P

MAP

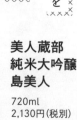

創業：1962年（昭和37年）　代表銘柄：「道灌《どうかん》」

太田酒造 灘 千代田蔵

10

試飲 ○　購入 ○
酒蔵見学 ○（要予約）

西郷　御影郷　**魚崎郷**　西宮郷　今津郷

UOZAKIGO

※団体でお越しの場合は事前にご連絡下さい。※11月〜1月末が蔵見学おすすめ

先祖に太田道灌をもつ蔵 さらなる発展を決意した 灘ブランド「千代田蔵」

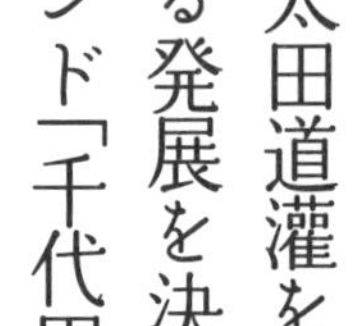

江戸城の初期創設者である太田道灌。その末裔が設立した蔵の歴史は、江戸時代末期までさかのぼります。昔ながらの酒造りを行う灘千代田蔵は、本社のある滋賀県草津の蔵に加え、酒蔵家としてさらなる発展を望むために、上質な米や水を追い求め灘五郷への進出を決意、昭和37年に完成しました。銘酒「千代田蔵」は、灘でのブランドづくりを目指したいという思いから銘柄を立ち上げました。全量手造りのため小仕込みではありますが、一本一本の造りを大切にし、料理に合わせておいしい日常使いができるお酒造りをしています。

特典

販売店へ
特典引換後必ず
☑をつけてください

パ酒ポート提示で

2,000円(税込)以上お買上げで
お猪口プレゼント!

工場長
北尾 龍俊さん

軽くても、しっかりとした旨味を感じるお酒

特別純米 生原酒 千代田蔵 フクノハナ

720ml
1,400円(税別)

兵庫県産フクノハナを100%使用した特別純米酒。フルーティな香りと酸味が特長のお酒です。

兵庫県産 フクノハナ
精米歩合 60%

日本酒度 +2

アルコール分 17度

山廃純米 生原酒 千代田蔵 フクノハナ

720ml
1,450円(税別)

兵庫県フクノハナを100%使用した山廃純米酒。山廃特有の酸味と甘味が特長のお酒です。

兵庫県産 フクノハナ
精米歩合 60%

日本酒度 +2

アルコール分 17度

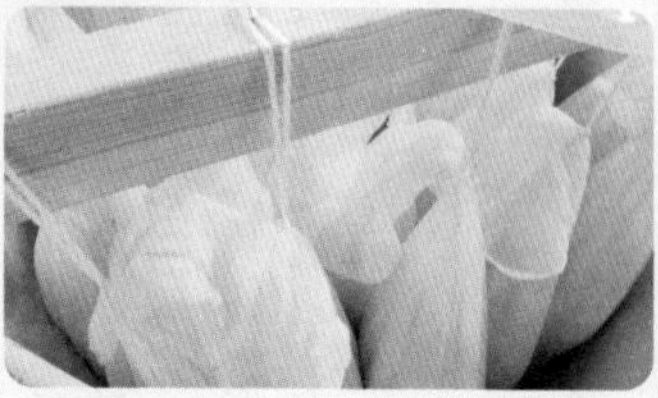

SAKAGURA INFORMATION

太田酒造 灘 千代田蔵

太田酒造株式会社 灘 千代田蔵
住 神戸市東灘区深江南町2-1-7
TEL 078-411-9456
営 8:00〜17:00 ※土日祝 酒造りの時期のみ営業
休 不定休 ※必ずお電話にてご連絡の上、お越しください。
最寄駅 阪神電車 深江駅・芦屋駅
P

MAP

創業1842（天保13）年　代表銘柄：松竹梅《しょうちくばい》「白壁蔵《しらかべくら》」

松竹梅 白壁蔵

11

試飲 ×　購入 ×
酒蔵見学 ×

西郷　御影郷　魚崎郷　西宮郷　今津郷

UOZAKIGO

伝統と技術の革新へ 時代を超えて愛される 酒造りへの挑戦

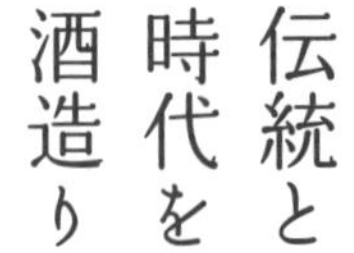

「白壁蔵」では、〝昔ながらの手造りによる酒づくり〟と〝手造りの原理を進化させた、業界屈指の設備による酒造り〟のふたつを組み合わせ、デリケートな工程からうまれる高品質の酒を造っています。本当に旨くてよい酒とはなにか。それをかたちにすると、〝現代の技術〟と〝伝統の技〟が融合した「白壁蔵」になりました。「白壁蔵」では、吟醸酒や純米酒などの特定名称酒を極めるとともに、スパークリング清酒という新しい市場を拓いた、松竹梅白壁蔵「澪」がこの蔵から誕生しました。「白壁蔵」は新しい清酒造りの拠点として、人々の嗜好の変化を踏まえながら、時代を超えて愛されていく酒、本当に旨くてよい酒を造り続けていきます。

造り手の五感を確かめながら行われる、昔ながらの麹造り

▲機械メーカーと共同開発した製麹機内部

▲手造りの醪仕込み

白壁蔵では、昔ながらの手造りによる酒造りと、手造りの原理を再現した新しい設備での酒造りが営まれています。

伝統の製法で丹念に醸す懐深い味わいの酒

松竹梅
白壁蔵「澪」スパークリング清酒

300ml
475円(税別)

マスカットを思わせる風味、口に広がるやさしい甘みと酸味。

日本酒度 -70

0

アルコール分 5度

松竹梅
「白壁蔵」〈生酛純米〉

640ml
1,149円(税別)

米の旨みを引きだした、まろやかでやわらかい味わい。

五百万石 全量

精米歩合 70%

日本酒度 +2

0

アルコール分 15度

SAKAGURA INFORMATION

松竹梅 白壁蔵

宝酒造株式会社 白壁蔵

住 神戸市東灘区青木2丁目1-28
TEL 078-452-2851

※特典およびスタンプの設置はしておりませんので、ご了承ください。

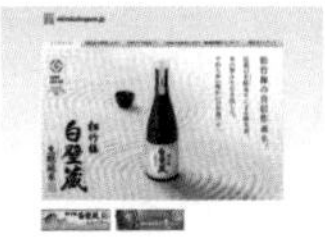

公式HP

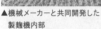

創業：1808年（文化5年）　代表銘柄：「浜福鶴《はまふくつる》」

浜福鶴 吟醸工房

12

試飲 ○　購入 ○
酒蔵見学 ○（要予約）

西郷　御影郷　**魚崎郷**　西宮郷　今津郷

UOZAKIGO

※団体様（10名以上）で事前予約いただいた場合に限り、“案内人”がお付きして、
お酒造りのお話をしながら見学を楽しくエスコートいたします。

日本酒造りの伝統を五感で伝える発酵文化の体感空間

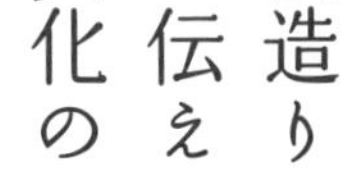

「吟醸工房」のその名の通り、吟醸酒を中心に小仕込みで酒造りを行っている酒蔵。2階の酒蔵見学コースは、ガラス越しに酒造りの行程を自由見学できます。醪造り体験コーナーでは、醪の発酵する音やタンクの中の吟醸香が感じられるユニークな仕組みで、酒造りの極意を存分に味わうことができます。伝統の文化に触れた後は、1階の試飲コーナーで楽しむ月替りの限定生酒の試飲販売が人気です。10名以上の見学では名物案内人の宮脇米治さん酒造りの工程を楽しく案内してくれます。大人から子どもまで楽しめる「発酵文化の体感空間」です。

特典	販売店へ 特典引換後必ず ☑をつけてください

パ酒ポート提示で

大吟醸ソフト50円引!

EVENT INFO

▶2020/1/18(土)、19(日) 蔵開き

宮脇米治さん 厳選のお酒

蔵でしか味わえない
旬のお酒を
ぜひお愉しみ
ください!

名物案内人
宮脇 米治さん

大吟醸 米治《よねじ》(生原酒)

720ml
1,815円(税別)

名物案内人の宮脇米治が監修したお酒。フルーティーな香りでキレのある旨みが特徴です。

岡山県 雄町

精米歩合 50%

日本酒度 +3.0

0

アルコール分 17度

空蔵《くぞう》 山田錦 (純米吟醸生原酒)

720ml
1,297円(税別)

山田錦本来のピンと筋の通ったキレの良い味わいにお米の旨みが広がります。

兵庫県産 山田錦

精米歩合 60%

日本酒度 +3.0

0

アルコール分 17度

SAKAGURA INFORMATION

浜福鶴 吟醸工房

株式会社小山本家酒造 灘浜福鶴蔵

住 神戸市東灘区魚崎南町4丁目4-6
℡ 078-411-8339

営 10:00～17:00(※17:00閉館)
休 月曜定休(※月曜が祝祭日の場合は開館、翌日休館)、年末年始
最寄駅 阪神電車 魚崎駅

P

MAP

創醸：1625（寛永2）年　代表銘柄：「櫻正宗《さくらまさむね》」

櫻正宗記念館 櫻宴

13

試飲 ○　購入 ○
記念館見学 ○
※有料試飲あり（3種）

今津郷　西宮郷　**魚崎郷**　御影郷　西郷

UOZAKIGO

清酒の代名詞「正宗」の祖
日本の酒づくりの成功は
灘に咲く櫻にはじまる

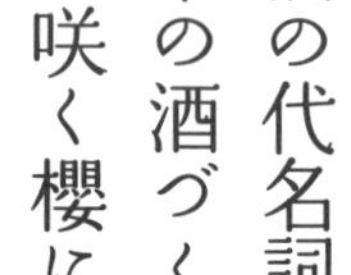

約400年にわたる櫻正宗の歴史は、清酒「正宗」の元祖、「宮水」の発見、全国で初めて公的酵母として頒布された「協会1号酵母＝櫻正宗酵母」の発祥蔵であるなど、酒どころ灘の名を広めた歴史と伝統を持つ老舗の名門蔵。「櫻正宗記念館櫻宴」には、蔵に伝わる伝統的な酒造りの道具や看板、古酒展示などここでしか見られない老舗蔵の歴史を感じることができます。館内には、レストランやカフェ、呑処があり蔵元ならではの原酒と合わせてゆったりと寛ぐことができます。ショップ櫻蔵には、限定酒のほかお土産や珍味が揃います。

特典

販売店へ
特典引換後必ず
☑をつけてください

パ酒ポート提示で

物販にて2,000円(税込)以上お買上げで
櫻正宗
オリジナル木マス
プレゼント!

EVENT INFO

▶11/2(土)　蔵開き

2階には
和食レストランも
ございます。

(右)総務業務課 課長
下井田 勝さん
(左)櫻正宗記念館 櫻宴 店長
田中 俊輔さん

山田錦を40%磨き丁寧に醸したお酒

櫻正宗
金稀
純米大吟醸四〇

720ml
3,800円(税別)

果実のような香りと
米のふくらみが
調和したお酒です。

山田錦
精米歩合 40%

日本酒度 +1

アルコール分 15度

櫻正宗
焼稀
生一本

720ml
1,130円(税別)

山田錦のやさしい味わいと、後味のスッキリしたお酒です。

兵庫県産 山田錦
精米歩合 70%

日本酒度 +2.0

アルコール分
15度以上16度未満

SAKAGURA INFORMATION

櫻正宗記念館 櫻宴

櫻正宗株式会社

住 神戸市東灘区魚崎南町4丁目3-18
℡ 078-436-3030

営 10:00～22:00
喫茶・物販10:00～19:00　三杯屋17:00～22:00
レストラン 11:30～15:00・17:00～22:00(L・O各1時間前)
休 火曜定休・12/31、1/1
(12/31は物販のみ営業)※12月は火曜営業
最寄駅 阪神電車 魚崎駅

P

MAP

創業：1659年（万治2年）　代表銘柄：「菊正宗《きくまさむね》」

菊正宗酒造記念館

14

試飲 ○　購入 ○
記念館見学 ○

西郷　御影郷　魚崎郷　西宮郷　今津郷

MIKAGEGO

酒造りの原点此処に有り 樽酒への情熱と信念を 吉野杉に込めて

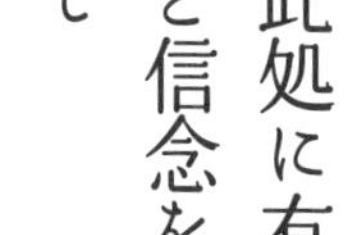

今年で創業360年を迎えた菊正宗酒造は、料理の味を引き立てて飲み飽きしない理想の〝本流辛口〟を追求し続けています。「菊正宗酒造記念館」では、〝酒造りの原点を知ること〟をテーマに、伝統的な「生酛（きもと）造り」の工程や道具、さらに日本酒をめぐる新しい楽しみ方などを心ゆくまで体感できます。特に記念館に併設している「樽酒マイスターファクトリー」（P85）では、菊正宗の酒造りに欠かせない杉樽を、職人たちが作り上げる様子を間近で目にすることができます。「知るは楽しみなり」こだわりの杉樽造りと酒造りを知り〝うまさの秘密〟を実感してください。

特 典

販売店へ
特典引換後必ず
☑ をつけてください

パ酒ポート提示で

1,000円（税込）以上お買上げで
「大吟醸 de あま酒」190g
1本プレゼント

EVENT INFO

▶2月下旬　蔵開き

詳細はHPにて
ご案内いたします

やっぱり○○は
菊正宗〜♪♪

（左）館長 後藤 守さん
（右）スタッフ 荒井 千佳さん

130年ぶりに立ち上げた新ブランド「百《ひゃく》黙《もく》」

百黙 純米大吟醸

720ml
2,500円（税別）

凛とした切れ味の中に調和のとれた豊かな潤いをもち、余韻は料理の味わいを引き出す。

特A地区産 山田錦
精米歩合 39%

日本酒度 +0.5

アルコール分 15〜16度

純米樽酒

720ml
923円（税別）

吉野杉の爽やかな香りと純米酒らしい旨味、引き締まったのど越しが持ち味。

国産米
精米歩合 70%

日本酒度 +5

アルコール分 15度

SAKAGURA INFORMATION

菊正宗酒造記念館

菊正宗酒造株式会社

住 神戸市東灘区魚崎西町1丁目9-1
TEL 078-854-1029
営 9:30〜16:30（入館16:00まで）

休 年末年始（12/30〜1/4）
最寄駅 阪神電車 魚崎駅

P

MAP

創業: 1743年(寛保3年)　代表銘柄:「白鶴《はくつる》」

白鶴酒造資料館

15

試飲 ○　購入 ○
資料館見学 ○

今津郷　西宮郷　魚崎郷　御影郷　西郷

MIKAGEGO

歴史が今に息づく蔵で
脈々と受け継がれる技
伝統と洗練に学ぶ様式美

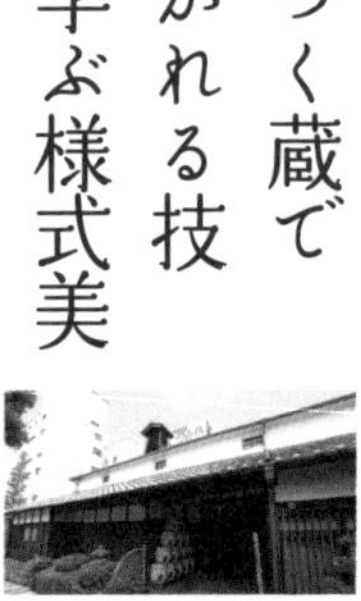

1743年創業の白鶴酒造は、昭和40年代中頃まで実際に使われていた本店壱号蔵を改造し白鶴酒造資料館を開設しています。昔ながらの道具をそのまま保存し、当時の蔵人をモデルにした等身大の人形を配置、清酒が生まれるまでの工程や歴史を立体的にわかりやすく展示。また、酒蔵世界初の常設プロジェクションマッピングは高さ2メートル80センチ、灘の酒造りを迫力のパノラマ画面で楽しめます。館内1階には、ここでしか味わえないしぼりたての原酒を無料で利き酒できるほか、ギフトショップでは、資料館限定酒や日本酒を使った和洋菓子、漬物、化粧品など見応え充分の品揃えです。

特典

販売店へ
特典引換後必ず
☑ をつけてください

パ酒ポート提示で

500円(税込)以上お買上げで
特製ポストカード
または
きき猪口をプレゼント!

EVENT INFO

▶10/5(土) 白鶴2019秋 酒蔵開放

白鶴酒造資料館の
皆さん

原点から
見つめ直した
シンボリックな
お酒

超特撰 白鶴 天空 袋吊り 純米大吟醸 白鶴錦

(720ml)
10,000円(税別)

白鶴が誇るシンボリック商品。林檎や洋梨様のフルーティーな香り、繊細で丸味のある味わい。

兵庫県産 白鶴錦100%使用
精米歩合 38%

日本酒度 +3

アルコール分 16度

白鶴 蔵酒

(500ml)
1,000円(税別)

白鶴酒造資料館限定酒。原酒ならではのうまみを感じる、芳醇でキレのある味わい。

兵庫県産 山田錦100%
精米歩合 70%

日本酒度 +3

アルコール分 17度

SAKAGURA INFORMATION

白鶴酒造資料館

白鶴酒造株式会社
住 神戸市東灘区住吉南町4丁目5-5
TEL 078-822-8907
営 9:30〜16:30(ただし入館は16:00まで)
休 年末年始(12/28〜1/4)
最寄駅 阪神電車 住吉駅

P　MAP

創業：1505年（永正2年）　代表銘柄：「剣菱《けんびし》」

剣菱酒造

16

試飲 ×　購入 ×　酒蔵見学 ×

西郷　御影郷　魚崎郷　西宮郷　今津郷

MIKAGEGO

五百年の歴史を見つめ、揺るぎない意思で守り続ける剣菱の味

永正2年に創業し、五百年以上にわたり「古今第一トス」の精神のもと、技術と感性を磨き続け、昔と変わらない味を、変わらない商標で提供し続ける老舗酒蔵。浮世絵にも描かれた創業当時から受け継がれるシンボルマークとともに、愛され続ける変わらぬ味を残し続けています。お酒は、ろ過しすぎないように調節しているため、黄色く色づいており、それは味の濃さの証となっています。また、暖気（だき）だる造りの職人の減少に危惧の念を抱き、2018年には酒造りに必要な木製道具などを自社で製造する専門工場を新設、流行を追わず伝統を守るための新たな取り組みも始まっています。

上品で心地よい余韻を残すお酒

これからも
皆様から愛される
酒造りに
まい進して
まいります。

代表取締役社長
白樫 政孝さん

黒松剣菱

1,800ml
参考小売価格
2,345円(税別)

濃厚な香りがふくらむ、米の豊潤な味わいを引き出した逸品。

兵庫県産 山田錦・愛山
精米歩合 70〜75%

日本酒度 +1

0

アルコール分 17度

瑞穂黒松剣菱

720ml
参考小売価格
1,500円(税別)

優雅な香りと剣菱ならではのコクのある円熟な味わい。

兵庫県産 山田錦
精米歩合 70〜75%

日本酒度 ±0

0

アルコール分 17.5度

SAKAGURA INFORMATION

剣菱酒造

剣菱酒造株式会社
住 神戸市東灘区御影本町3-12-5
TEL 078-451-2501

※特典およびスタンプの設置はしておりませんので、ご了承ください。

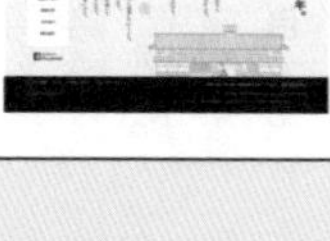

公式HP

設立:1945年(創業1756年)　代表銘柄:「仙介《せんすけ》」

泉酒造

17

MIKAGEGO

試飲 ○　購入 ○
酒蔵見学 ×

西郷　御影郷　魚崎郷　西宮郷　今津郷

泉の如く甦った酒蔵
先代の名を受け継ぎ
名付けた銘酒「仙介」

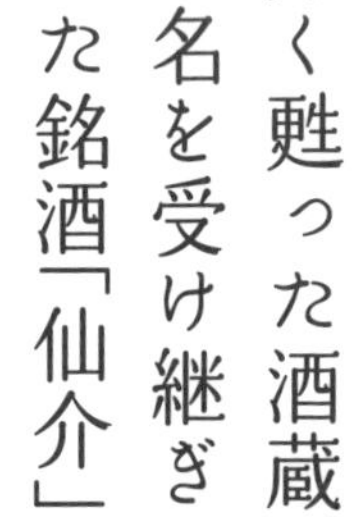

泉酒造は宝暦年間、初代泉仙介が有馬郡道場村に酒造業をはじめ、三代目仙介の時に現在の御影に製造所を移しました。その後、１９９５年の阪神淡路大震災によって蔵が倒壊焼失したため、一時は自家醸造を断念しましたが、多くの方々からの支援により12年後の２００７年に見事に復活を遂げ、再開を果たしました。先代と同じ名を持つ代表銘柄の「仙介」は、兵庫県産の山田錦を１００％使用し、なめらかな喉越しで、米そのものの味を楽しめる贅沢な味わい。若き蔵人たちが自分たちこそが一番おいしいと思えるお酒を醸し、継承できる喜びをかみしめながら、これまで以上に魅力的な日本酒を生み出しています。

特典

販売店へ
特典引換後必ず
☑ をつけてください

パ酒ポート提示で

1,000円(税込)以上お買上げで
オリジナルステッカープレゼント!

EVENT INFO

泉酒造の公式HPや
Facebookにて随時
お知らせいたします

飲みあきしない優しい味が特徴

ちょっぴり入りにくい外観ですが、是非おいでください。

杜氏
和氣 卓司さん

仙介
純米大吟醸

720ml
1,800円(税別)

米の甘みを生かしたやわらかい風味を実現。ほんのりとした甘さを感じることができます。

兵庫県産米

精米歩合 ー
非公開

日本酒度 ー

0

アルコール分 15度

泉姫
ゆず酒
(リキュール)

720ml
1,200円(税別)

国産のゆず果汁をたっぷり使い、香り高いお酒に仕上がりました。

兵庫県産米

精米歩合 ー
非公開

日本酒度 ー

0

アルコール分 6度

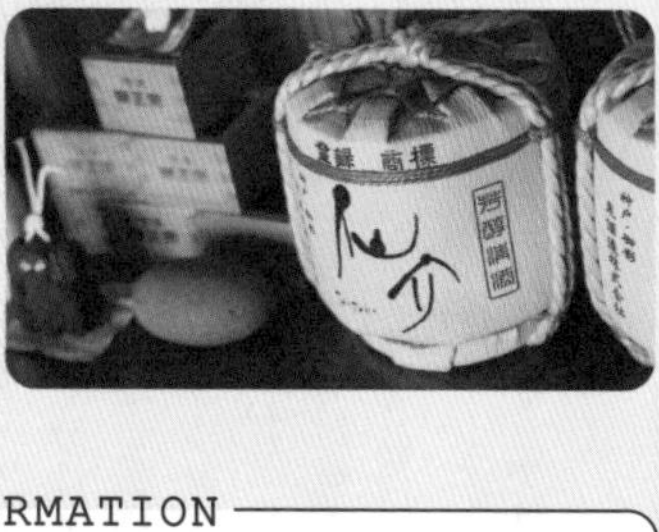

SAKAGURA INFORMATION

泉酒造

泉酒造株式会社
住 神戸市東灘区御影塚町1-9-6
TEL 078-821-5353
営 8:30～17:00

休 土曜・日曜・祝日(冬季のみ土曜営業 詳しくは要問合せ)
最寄駅 阪神電車 石屋川駅
http://www.izumisyuzou.co.jp

P

MAP

創業：1751年（宝暦元年）　代表銘柄：「福寿《ふくじゅ》」

神戸酒心館　蔵元ショップ『東明蔵』

18

MIKAGEGO

試飲 ○　購入 ○　酒蔵見学 ○（要予約）※

西郷　御影郷　魚崎郷　西宮郷　今津郷

※酒蔵見学は、Aコース（ビデオ+利き酒+お買物）、Bコース（ビデオ+蔵内見学+利き酒+お買物）、Cコース（利き酒+お買物）の3コースがございます。受付は東明蔵（10:00～17:00）まで。

食と、農業と地域の未来が生まれる世界に名だたる酒蔵へ

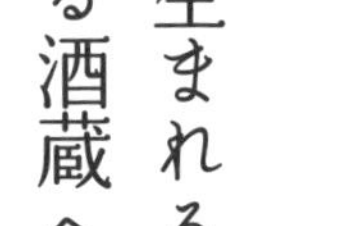

ノーベル賞の公式行事で振舞われ、世界で愛される美酒「福寿」を造り出す酒蔵。生産量を追わず、おいしさを見極めるために、手造りによる丁寧な酒造りを行っています。お酒の味を左右する麹の良し悪しは、人の五感でしか測れないと考え、麹づくりはすべて手作業で行い、二百年以上の昔から受け継がれています。スピードやコストダウンを追わない丁寧な酒造りで品質にこだわり、日本酒文化を次世代へ伝え、そして世界に発信し続けています。併設している料亭「さかばやし」（P80）では、地産地消に貢献したいという願いから、地元の旬菜とともに、蔵ならではの生原酒を味わうこともできます。

特典

販売店へ
特典引換後必ず
☑ をつけてください

パ酒ポート提示で

1,500円(税込)以上お買上げで
オリジナル・
エコバッグプレゼント!

EVENT INFO

▶11/9(土)・10(日)　蔵開き

ノーベル賞公式行事で振る舞われたお酒

ご予約頂ければ
蔵見学が
できますよ!

神戸酒心館スタッフの
皆さん

福寿
純米吟醸

720ml
1,600円(税別)

兵庫県産の酒米を丹念に磨き上げ、低温で長期間じっくりと醸し上げた自慢の銘酒。気品ある吟醸香とふくよかな味わいが特長です。

兵庫県産米
精米歩合 60%

日本酒度 +2

アルコール分 15度

福寿
大吟醸

720ml
3,200円(税別)

瑞々しい果実のような香りと上品でスムースな口当たりのお酒。食前酒に最適です。

兵庫県産　山田錦100%
精米歩合 50%

日本酒度 +4

アルコール分 15度

SAKAGURA INFORMATION

蔵元ショップ『東明蔵』

株式会社神戸酒心館

住 兵庫県神戸市東灘区御影塚町1-8-17
TEL 078-841-1121
営 東明蔵(販売店舗) 10:00〜19:00

休 年末年始
最寄駅 阪神電車 石屋川駅

P

MAP

創業：1751年（宝暦元年）　代表銘柄：「大黒正宗《だいこくまさむね》」

大黒正宗 直売所「十一代目又四郎」

19

試飲 ○　購入 ○
酒蔵見学 ×

西郷　**御影郷**　魚崎郷　西宮郷　今津郷

MIKAGEGO

「濃厚、旨口。」日本酒の旨みにこだわる正統派灘酒の銘蔵

創業1751年以来、幾度となく困難に立ち向かってきた大黒正宗。阪神淡路大震災では木造蔵が全壊する被害にあい、大量生産から「日本酒の旨み」にこだわる手造りの蔵として再出発をしました。日常的に飲むお酒こそいいものを…として、原材料は、全て高品質な地元兵庫県産の酒造好適米にこだわり、「山田錦」「兵庫夢錦」「兵庫錦」を選択。仕込み水には、熟成で味がのってくると言われる灘の名水「宮水」を全量使用。瓶内熟成でさらに旨みが乗ってくるというその酒に魅入られた酒販店、愛飲家や料飲店が、酒蔵とともに酒米の田植えや稲刈りに参加するなど、ファンに愛され続けている酒蔵です。

特典

販売店へ
特典引換後必ず
☑ をつけてください

パ酒ポート提示で

2,500円(税抜)以上ご購入で、
ラッピングにも使える
蛇の目手ぬぐい
プレゼント!

※デザインは変更になる場合があります。

EVENT INFO

イベント最新情報を
随時Facebookページで
お知らせしています

部長
池田 光雄さん

瓶で数年間に渡り熟成する日本酒

大黒正宗
純米原酒

720ml
1,500円(税別)

芳醇な旨口とのど越しのキレの良さが特徴の純米酒です。食事との相性が良く、常温〜ぬる燗もおすすめです。

兵庫県産 山田錦

精米歩合 60%

日本酒度 +4.5

アルコール分 17度

大黒正宗
吟醸なまざけ

720ml
1,325円(税別)

濃厚な旨口で上品な甘味と爽やかな酸味と香りが特徴。濃厚ながらのど越しのキレが良いお酒です。

兵庫夢錦

精米歩合 60%

日本酒度 +4.0

アルコール分 18度

SAKAGURA INFORMATION

大黒正宗 直売所「十一代目又四郎」

株式会社 安福又四郎商店

住 神戸市東灘区御影塚町1-5-23
TEL 078-851-0151
営 10:00〜17:00※12月は土曜も営業

休 土日祝、お盆期間、年始(1/1〜)
※12月の土曜日は一部営業予定。
(http://www.matashiro.jpにて告知)
最寄駅 阪神電車 石屋川駅

P

MAP

創業：1870年（明治3年）　代表銘柄：「白菱《はくびし》」

こうべ甲南武庫の郷

（甲南漬資料館／甲南漬本店）

20

MIKAGEGO

試飲・食※　購入 ○
資料館見学 ○

※甲南漬本店では、甲南漬の試食ができます

西郷　御影郷　魚崎郷　西宮郷　今津郷

芸術ともいわれる伝統の味 灘の名産「甲南漬」と 純米本みりんの老舗

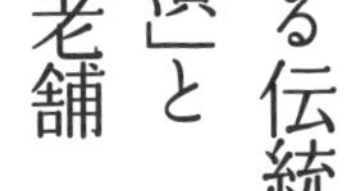

江戸時代の末期、酒粕の仲介業をしていた初代高嶋平介が明治3年焼酎製造をはじめた後、本みりんとなら漬の製造を開始。昭和5年に「甲南漬」の商標登録を行い現在に発展。もち米、米麹、米焼酎のみで醸造された「純米本みりん」と灘の酒粕と自社醸造のみりんで1年以上の歳月をかけ丁寧に漬けた「甲南漬」を製造しています。国登録有形文化財に指定されている甲南漬資料館はみりんや甲南漬の歴史を学べる趣のある建物で、お食事処やイベント広場、日本庭園が備わる複合スペース。隣接する商品販売店舗ではお買い物が楽しめます。

特典

販売店へ特典引換後必ず☑をつけてください

パ酒ポート提示で

1,000円(税別)以上お買上げで
粗品(甲南きざみ漬)プレゼント!

EVENT INFO

- ▶10月中旬(日) 武庫の郷広場「チャリティバザー」
- ▶10月下旬 甲南漬本店「秋の特別奉仕」
- ▶11月上旬 甲南漬本店「甲南漬創業祭」
- ▶4月下旬 甲南漬本店 「春の特別奉仕」

各種なら漬をご試食できます。皆様のご来店を心よりお待ち致しております。

甲南漬本店の皆さん

熟成過程で生まれた深みある香りと甘み

はくびし本みりん

900ml
1,050円(税別)

もち米、米こうじ、焼酎だけで仕込まれた本格みりんです。

アルコール分 13.5~14.5度

甲南漬化粧箱詰合せ

正味量445g
3,000円(税別)

瓜、すいか、きゅうり、守口大根4種の詰合せは真心の味を化粧箱にしたためた人気商品です。

SAKAGURA INFORMATION

こうべ甲南武庫の郷(甲南漬資料館・甲南漬本店)

高嶋酒類食品株式会社

住 神戸市東灘区御影塚町4丁目4-8
　神戸市東灘区御影塚町4丁目4-7
TEL 甲南漬資料館 078-842-2508 甲南漬本店 078-841-1821

営 甲南漬資料館 10:00~17:00 甲南漬本店 9:30~18:30
休 甲南漬資料館 年末年始(12/29~1/5予定) 甲南漬本店 1/1・2
最寄駅 阪神電車 新在家駅
P

MAP

創業：1717年（享保二年）　代表銘柄：「沢《さわ》の鶴《つる》」

昔の酒蔵 沢の鶴資料館

21

NISHIGO

試飲 ○　購入 ○

資料館見学 ○※

※10名以上の場合要予約

西郷

今津郷　西宮郷　魚崎郷　御影郷

純米酒にこだわり続ける『※』のマークに込められた米屋発祥の酒蔵の誓い

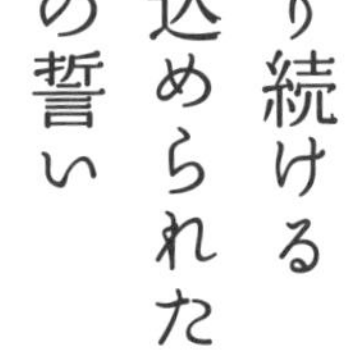

1717年（享保二年）に創業した沢の鶴は、米屋を営む初代が副業として酒造りを始めたことが発祥です。それ以来、米を目利きする力を代々受け継ぎ、米・水・麹だけで造る「純米酒」にこだわり続けています。江戸時代後期に建造された昔の酒蔵をそのまま公開した資料館は、兵庫県の重要有形民俗文化財に指定されています。全国でも珍しいとされる地下構造の「槽場《ふなば》」跡を見ることができ、昔の酒蔵の風情をそのままに、灘酒の伝統と歴史に触れることができます。隣接するミュージアムショップでは、酒蔵でしか飲むことができない「生原酒」や、人気の「古酒仕込み梅酒」の無料試飲をお楽しみいただけます。

特　典

販売店へ
特典引換後必ず
☑をつけてください

パ酒ポート提示で

1,000円(税込)以上お買上げで
**きき猪口(小)
プレゼント!**

特A地区産
山田錦で造る
特別な純米酒

灘では唯一の
木造酒蔵を
ご体感
いただけます。

伊勢 貴一さん

特別純米酒
実楽《じつらく》山田錦

(720ml)
1,100円(税別)

生酛造りならではのキレのある旨みときめ細やかな口当たりが特長です。

山田錦
【兵庫県三木市吉川町実楽(特A地区)】産

精米歩合 70%

日本酒度 +2.5

アルコール分 14.5度

古酒仕込み
梅酒

(720ml)
2,000円(税別)

日本一の梅の里「紀州」で丹念に育てられた上質の「南高梅」を、3年以上かけて熟成させたまろやかな生酛造り純米で漬けこんだ梅酒です。

—

精米歩合 — %

日本酒度 —

アルコール分 11度

SAKAGURA INFORMATION

昔の酒蔵 沢の鶴資料館

沢の鶴株式会社

住 兵庫県神戸市灘区大石南町1-29-1
TEL 078-882-7788
営 10:00〜16:00

休 水曜、盆休み、年末年始
最寄駅 阪神電車 大石駅

P

MAP

灘五郷アンテナショップ

灘の酒蔵通り（北野工房のまち内）

22

試飲 ○　購入 ○

日本一の酒処で「灘の酒」が一堂に並ぶアンテナショップ

神戸・北野の町から「灘五郷」の情報を発信するアンテナショップ。

「灘の酒」の魅力を知ってもらうために、各蔵元イチオシの銘酒がずらりと勢ぞろい。

気軽に入れる雰囲気の店内には、常時50種類のお酒が並び試飲もできるので、スタッフと相談しながらお好みの一本を探すことができる、他にはないショップです。

特典

販売店へ
特典引換後必ず
☑をつけてください

パ酒ポート提示で

2,000円(税抜)以上お買上げで
Go!Go!灘五郷!
ロゴ入り木枡(非売品)
プレゼント!

灘酒プロジェクトとして、今年も「灘の生一本」を灘五郷10社から発売。
「灘酒研究会 酒質審査委員会」で各社商品の酒質特長を審査し、
適切であると認められた個性ある味わいをぜひお楽しみください。

お買い求め先　北野工房のまち「灘の酒蔵通り」ほか

灘の生一本《なだのきいっぽん》

推奨

9月10日 灘の酒蔵通りにて発売

北野工房のまち

レトロモダンな旧北野小学校をリノベーションして1998年に誕生した体験型観光スポット。1Fは、神戸スイーツや、お酒・雑貨を揃えたお土産店が並び、2Fでは、オルゴール組立など体験メニューが常時60種類以上楽しむことができます。

SAKAGURA INFORMATION

灘の酒蔵通り　灘五郷酒造組合

住 神戸市中央区中山手通3-17-1 北野工房のまち1階110号
TEL 078-231-1515
営 10:00～18:00
休 年末年始
最寄駅 阪神電車 元町駅

P (有料)

WEB

The Kura

酒蔵直営レストラン

RESTAURANT & BAR & CAFE

**酒蔵に隣接しているレストランで、ゆっくりと蔵酒と旬の味を愉しむのも美味。
お酒を使ったお料理など、酒蔵直営レストランならではの味わいで極上のひとときを。**

白鹿で"しか"味わえない
日本酒とお料理を楽しむ

RESTAURANT

辰馬本家酒造株式会社

白鹿クラシックスレストラン

『花と和食と日本酒と。』をコンセプトに、四季折々の料理や花が織りなす日本古来の季節の移ろいを楽しみながら日本酒とともにお食事ができます。三世代の皆さまが自然に集う、華やかで贅沢なシーンを演出してくれます。

住 西宮市鞍掛町7番7号(白鹿クラシックス内)
℡ 0798-35-0001
営【ランチ】11:00〜15:00(L.O.14:30)
　【ディナー】17:00〜22:00(L.O.21:00)
休 火曜、年末年始(12/31〜1/3)
予 電話またはネット予約にて承ります。

旬の食材を活かした本格日本料理と
蔵元直送のしぼりたてのお酒を堪能

RESTAURANT

日本盛株式会社

酒蔵通り煉瓦館
レストラン花さかり

四季折々の旬の食材を活かした、本格懐石料理をはじめとした日本料理を味わえます。蔵元ならではのしぼりたて生原酒が飲めるのも直営ならでは。祝い事などハレの日にもおすすめです。

住 西宮市用海町4番28号(酒蔵通り煉瓦館内)
℡ 0798-32-2555
営 平日　11:30〜14:00(L.O.)/17:30〜20:30(L.O.)
　土日祝 11:30〜14:30(L.O.)/17:00〜20:30(L.O.)
　※最終入店20:00
休 火曜、水曜、12/31、1/1

灘に櫻の宴はじまる
歴史と風土に恵まれた旬の美食を

RESTAURANT

櫻正宗株式会社

酒蔵ダイニング 櫻宴

蔵酒はもちろん、ランチから会席料理まで、日本酒や酒粕を使用したお料理を愉しめます。中でもスープの約半分に日本酒を使用した、櫻宴オリジナル鍋「ポン酒鍋」は蔵一押しメニューです。

住 神戸市東灘区魚崎南町4-3-18
（櫻正宗記念館 櫻宴内）
TEL 078-436-3030
営 11:30 ～15:00、17:00 ～ 22:00
（L.O. は1時間前）
休 毎週火曜

三杯でほろ酔い気分
25の酒質を制覇して酒博士に

BAR

櫻正宗株式会社

呑処 三杯屋

「お酒を楽しんでいただくために、誠に勝手ながら一日三杯まで」とユニークな約束がある呑処。また、称号とオリジナル酒器が進呈されるシステムや、利き酒認定に合格すると「櫻正宗酒博士」の称号がもらえます。

住 神戸市東灘区魚崎南町4-3-18
（櫻正宗記念館 櫻宴内）
TEL 078-436-3030
営 17:00～22:00（L.O.21:00）
休 毎週火曜

櫻正宗記念館桜宴には、ゆったり寛くことができる「喫茶スペースカフェ」も併設しています。

吹き抜けのモダンな土間ホールで 蔵出しの灘酒に舌鼓

BAR

白鷹禄水苑

蔵BAR

禄水苑の一角に雰囲気のある欅のバーカウンターが目を引く大人のバー。限定酒や蔵酒のほか、昼下がりの一杯セット（燗酒または冷酒一合に酒肴3品1,000円）などセットメニューもお楽しみいただけます。

住 西宮市鞍掛町5-1（白鷹禄水苑内）
TEL 0798-39-0235
営 12:00〜19:00（土・日・祝のみ営業）
※スタンディングバーは毎日〜18:30
休 第1・3水曜

白鷹禄水園では、江戸前の鰻蒲焼を中心とした伝統の懐石料理の「東京竹葉亭西宮店」も併設しています。

蔵人の思いに馳せながら 地酒と旬を味わう

RESTAURANT

株式会社神戸酒心館

蔵の料亭さかばやし

地元の旬菜を始め、こだわりの自家製豆富や酒そばとともに蔵限定の原酒を味わえます。店内に配置されている大テーブルは、酒造り道具の酒槽を使用し随所に酒造りの面影が残ります。

住 神戸市東灘区御影塚町1-8-17（神戸酒心館内）
TEL 078-841-2612
営 昼：11:30〜14:30（L.O.14:00）
夜：17:30〜22:00（L.O.21:00）
休 大晦日・1月1日〜3日

季節の花や美人画を鑑賞しながら
寛ぎの時間と甘味を

CAFE

大関株式会社

甘辛の関寿庵

箱庭が落ち着いた空間を演出する喫茶スペース。日本酒を使った風味豊かなお菓子や酒まんじゅうが練り込まれたソフトクリーム「特製酒まんソフト」をお召し上がりいただけます。

住 西宮市今津出在家町3-3（甘辛の関寿庵内）
TEL 0798-32-3039
営 10:00〜19:00
休 1/1・2

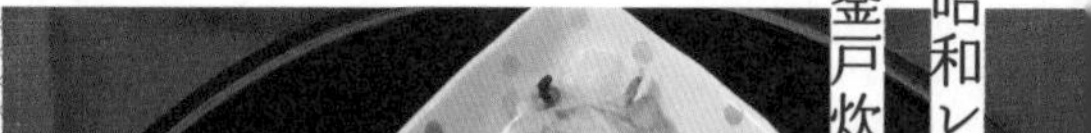

昭和レトロな空間で
釜戸炊きご飯と甲南漬を堪能

RESTAURANT

髙嶋酒類食品株式会社

平介茶屋

毎日数量限定で、わずか2時間しか営業しないというお食事処。釜戸炊きの白飯と旬野菜のお漬物、無添加の熟成味噌を使った味噌汁など、目で楽しんで昼食を味わうことができます。

住 神戸市東灘区御影塚町4-4-8（甲南漬資料館内）
TEL 078-842-2508
営 11:30〜13:30
休 お盆中と年末年始

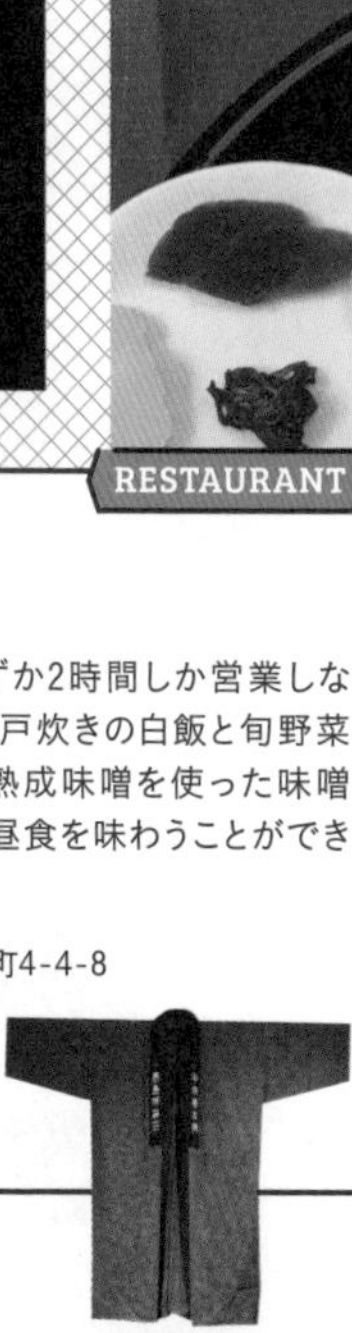

甲南漬資料館では、灘の酒三銘柄とお摘みが楽しめる「酒泉木瓜」や喫茶コーナーの「武庫の郷喫茶室」も併設しています。

INFORMATION

灘の酒 meets TOKYO.KYOBASHI

入場無料
（飲食は有料）

雨天決行

9.20（金） 17:30～20:30　9.21（土） 11:00～16:00

会場 京橋エドグラン（東京都中央区京橋）

東京で「日本一の酒どころ」と謳われる“灘の酒”が気軽に楽しめるイベント。各酒蔵自慢の日本酒に合うおつまみもご用意していますので、“灘の酒”をぜひ味わってください。

主催／灘五郷酒造組合・神戸市・西宮市　お問合せ／TEL.078-841-1101

全国一斉日本酒で乾杯！ in 神戸 ～灘五郷　ほろ酔い月下の宴～

入場無料
（飲食は有料）

雨天決行

10.1（火） 16:00～20:30

会場 六甲道南公園（神戸市灘区）

10月1日の「日本酒の日」に開催される、日本酒のおいしさ、楽しさを多くの方に体験していただくイベントを開催。日本酒を楽しむたくさんのプログラムをお楽しみください。

主催／灘五郷酒造組合　お問合せ／TEL.078-841-1101

第23回 西宮酒ぐらルネサンスと食フェア

入場無料
（飲食は有料）

雨天決行

10.5（土）12:00～19:00・6（日）10:00～18:00

会場 メイン会場／西宮神社
サテライト会場／白鹿酒ミュージアム、白鷹禄水苑、日本盛酒蔵通り煉瓦館、大関甘辛の関寿庵

「秋あがり」と言われ秋に味がよくなる西宮・神戸の酒と、西宮の食を楽しむイベント。たくさんの日本酒の試飲や、日本酒と相性の良い料理、パレードやちんどん演奏など楽しい催しがいっぱいです。

主催／西宮酒ぐらルネサンスと食フェア実行委員会
お問合せ／TEL.0798-33-1238

西宮日本酒学校 開校式

申込不要
先着100名

参加無料

雨天決行

10.5（土） 14:00～15:30

会場 西宮神社会館

市内酒造会社４社で開催される「西宮日本酒学校」講義に先立って、開校式として特別講演会を開催。日本酒専門WEBメディア「SAKETIMES」編集長の小池潤さんを講師に迎え、公演をお聞きいただきます。

主催／西宮日本酒振興連絡会　お問合せ／TEL.0798-35-3321

酒蔵アンテナショップ周遊飲み比べ企画
西宮の宮子さんじっくり酒蔵めぐり

有料

10.12（土）～12.1（日）　※時間は店舗により異なる。

会場 白鹿クラシックス、白鷹禄水苑、日本盛酒蔵通り煉瓦館、大関甘辛の関寿庵、大澤本家酒造、万代大澤醸造

西宮の日本酒ファン「宮子さん」がおすすめする酒蔵めぐり。西宮郷・今津郷の6つの酒蔵が季節ごとにテーマを決めて特別試飲メニュー（有料）を提供。今秋のテーマは「ひやあつ」。酒蔵エリアを散策しながら飲み比べをお楽しみください。

主催／西宮日本酒振興連絡会　お問合せ／TEL.0798-35-3321

SAKE EVENT

西宮酒蔵無料ミニツアー

事前申込制　先着20名

参加無料

雨天決行
荒天中止

10.12(土)・10.26(土)・11.9(土)・11.23(土)　10:00～12:00

会場　阪神西宮おでかけ案内所～宮水地帯～
酒蔵アンテナショップなど(実施日により異なる)

ボランティアガイドの案内で、阪神西宮駅から灘の酒造りに欠かせない「宮水」の取水地や西宮の酒蔵をめぐるミニツアーです。

主催／西宮観光協会(協力 ツーリズム西宮楽らく探見隊)
お問合せ／TEL.0798-35-3321

灘の酒と食フェスティバル in 神戸

入場無料
(飲食は有料)

雨天決行

10.19(土)　11:00～16:30

会場　東遊園地(神戸市役所南)

灘五郷の酒蔵と神戸・兵庫の食メーカー等が出展。日本酒の飲み比べや各種グルメが楽しめるフードイベントです。

主催／灘五郷酒造組合・公益財団法人神戸ファッション協会　お問合せ／TEL.078-303-3123

灘の酒蔵探訪

写真は昨年のイメージです。

10.19(土)～11.24(日)

会場　灘五郷エリア(神戸・西宮)

日本一の酒どころである灘五郷において、酒蔵スタンプラリーや蔵開き等イベントを実施します。期間中の土曜・日曜・祝日には、各酒蔵をめぐる期間限定の巡回バスも運行します。

主催／神戸観光局、西宮観光協会　お問合せ／TEL.078-230-1120(神戸観光局)、0798-35-3321(西宮観光協会)

まちたびにしのみや
「じっくり酒蔵堪能 寳娘・徳若をたずねる」

事前申込制　先着30名
9月中旬申込開始予定

参加費 1,500円

雨天決行

1.25(土)　13:00～15:00

会場　阪神西宮おでかけ案内所～宮水地帯～大澤本家酒造～万代大澤醸造

灘の酒の特徴である宮水発祥の地や宮水庭園をめぐり、「寳娘」の大澤本家酒造と、「徳若」の万代大澤醸造を訪れます。大澤本家酒造では木造蔵の見学と試飲、万代大澤醸造では試飲をお楽しみいただきます。

主催／西宮観光協会(協力 ツーリズム西宮楽らく探見隊)　お問合せ／TEL.0798-35-3321

Feel KOBE
神戸公式観光サイト

神戸公式観光サイト「Feel KOBE」

旅行比較サイト「トラベルコ」と共に、宿泊サイトを使いやすくリニューアル！
「神戸観光・ホテル旅館協会」加盟のホテル・旅館について、よりスムーズに選びやすく、自分好みの検索が可能になりました。

※イベント情報は、2019年8月20日現在の情報です。予告なく内容が変更になる場合がございます。
最新情報はホームページでご確認ください。

神戸ポートタワー

神戸ベイエリアのシンボルとして約50年の歴史を持つタワー。高さ108メートルの鼓型の双曲線をもつことから「鉄塔の美女」と呼ばれています。

魅力的な港マチ

KOBE CITY

海と山に囲まれた美しくおしゃれな街並みが広がる国際都市 神戸。ファッションイベントの開催をはじめ、アジアの都市で初めて「デザイン都市」としてユネスコに認定されています。空港や新幹線もありアクセスも便利。

New Open!!

SAKE TARU

SAKE TARU LOUNGE

6月1日神戸ポートタワー展望3階回転フロアにオープン!!世界初の廻る清酒ラウンジで世界一の酒処"灘五郷"を体感。貴重な日本酒や世界初の日本酒サーバー、地元スイーツとのマリアージュが楽しめます。

月～土　12:00～24:00(L.O.23:30)

日・祝　12:00～21:00(L.O.20:30)

※2020年3月31日(火)まで営業

もっと知りたい! SAKEマニアは!

白鶴御影MUSE

毎日開催するライフスタイルに関する白鶴セミナーや有料・無料試飲会など「飲む」「食べる」「体験する」など様々なお酒にまつわる体験をすることができる。お酒から四季折々の食材、酒器、コスメに至るまで試したり触れながら購入できる白鶴の情報発信空間。

住 兵庫県神戸市東灘区御影中町3-2-1

TEL 078-891-8901

営 10:00～21:00　休 不定休

神戸市立御影公会堂

1933年、旧御影町が白鶴酒造7代目社長嘉納治兵衛氏より寄付を受け建設。数々の災害を乗り越えた御影界隈のシンボル。資料室では今に続く御影の歴史、地名の由来等について紹介。

※御影出身の柔道家 嘉納治五郎記念館も併設

住 神戸市東灘区御影石町4丁目4番1号

TEL 078-841-2281(電話受付／9:00～17:00)

最寄駅 〈阪神電車〉石屋川駅より北へ徒歩5分
御影駅より徒歩10分(国道2号線と石屋川の東北角)
御影駅より市バス16・36系統「御影公会堂前下車」

©Kobe Luminarie O.C.

復興・再生への夢と希望を託して

神戸ルミナリエ

1995年1月17日に兵庫県南部地方を襲った阪神・淡路大震災の記憶を次の世代に語り継ぐ、神戸のまちと市民の夢と希望を象徴する行事として開催しています。

●2019年12月6日(金)～15日(日)開催

※ KOBEルミナリエを今後も続けていくために
1人100円の会場募金にご協力ください。

自然の美しさを感じられる天空の楽園

神戸布引ハーブ園／ロープウェイ

日本最大級のハーブ園では、約200種類75,000株のハーブや花が咲き、12のテーマ別のガーデンを楽しめます。神戸の街を見渡せるカフェやお土産も人気!

神戸有数のショッピング・観光エリア

神戸ハーバーランド

ショッピングやグルメ、映画館、アミューズメントスペースなどが充実した大型複合施設。夜のライトアップでは港を華やかに照らします。

日本最古の温泉街を散策

有馬本街道／湯本坂

有馬温泉脇から林渓寺前を通り六甲山に出るまでの約600メートルの坂道が続く風情たっぷりの有馬本街道で、昔懐かしい品探しをしてみては?

ありまサイダー てっぽう水

有馬温泉は日本のサイダー発祥地とも云われています。

© 一般財団法人神戸観光局

菊正宗樽酒マイスターファクトリー

職人が目の前で酒樽作りを披露するほか、酒樽の材料となる吉野杉や酒樽作りの道具などを展示。日本酒の伝統である樽酒について理解を深められる施設。

住 兵庫県神戸市東灘区魚崎西町1-9-1
TEL 078-277-3493
営 9:30～16:30(見学時間10:30/14:00)
料 無料　休 年末年始

白鶴美術館

国宝2件(75点)、重要文化財22件(39点)を含む約1,450点以上の作品を所蔵。七代目嘉納治兵衛によって1934年に開館され、第二次世界大戦以前に設立された日本でも数少ない美術館のひとつ。併設の新館では日本ではめずらしい中東絨毯を展示。※秋季展は9/25(水)～12/8(日)まで開催

TEL 078-851-6001
営 10:00～16:30(入館16:00まで)
料 大人800円(大学・高校500円 中・小学生250円)
休 HPをご確認ください。

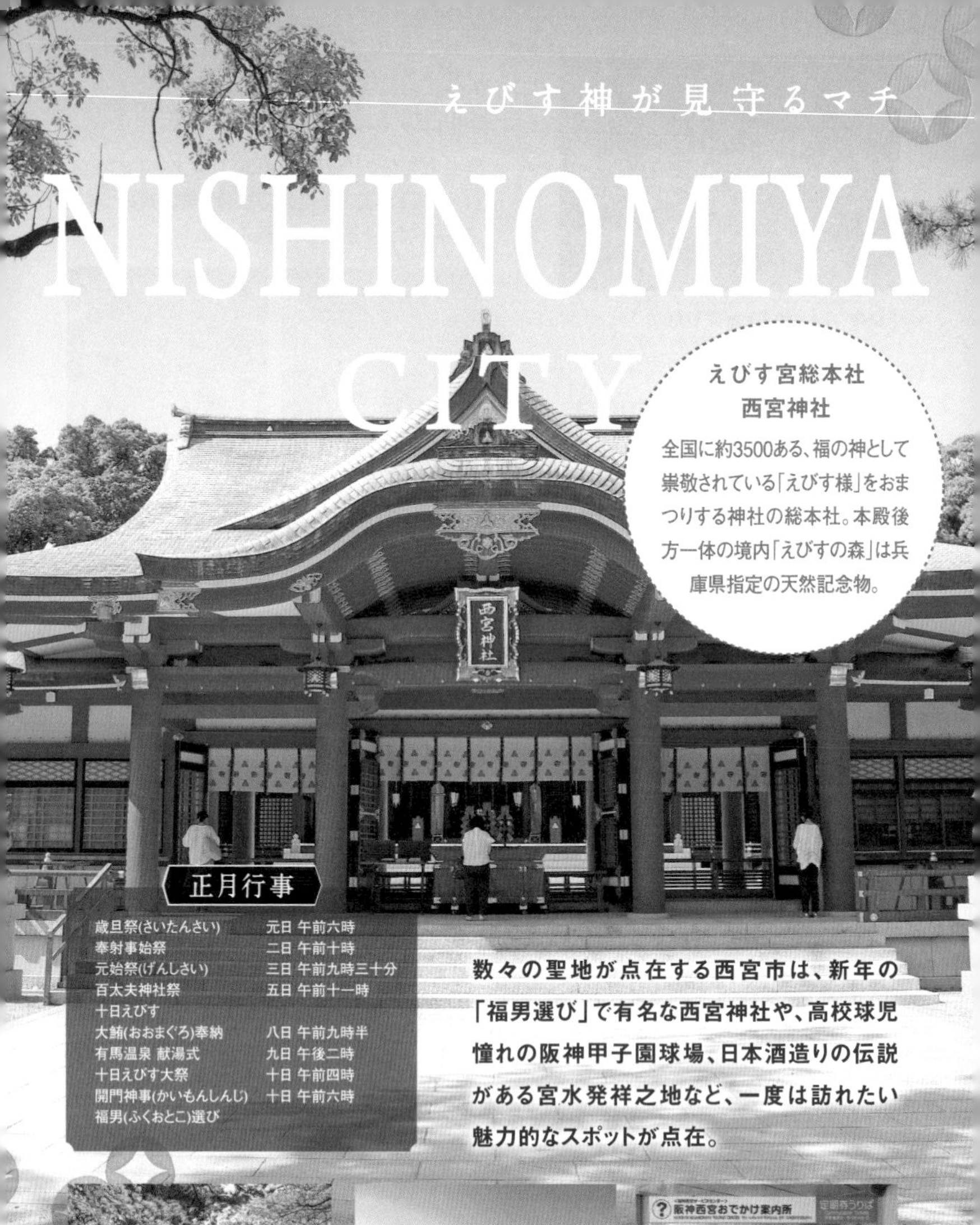

えびす神が見守るマチ

NISHINOMIYA CITY

えびす宮総本社 西宮神社

全国に約3500ある、福の神として崇敬されている「えびす様」をおまつりする神社の総本社。本殿後方一体の境内「えびすの森」は兵庫県指定の天然記念物。

正月行事

歳旦祭(さいたんさい)	元日 午前六時
奉射事始祭	二日 午前十時
元始祭(げんしさい)	三日 午前九時三十分
百太夫神社祭	五日 午前十一時
十日えびす	
大鮪(おおまぐろ)奉納	八日 午前九時半
有馬温泉 献湯式	九日 午後二時
十日えびす大祭	十日 午前四時
開門神事(かいもんしんじ)	十日 午前六時
福男(ふくおとこ)選び	

数々の聖地が点在する西宮市は、新年の「福男選び」で有名な西宮神社や、高校球児憧れの阪神甲子園球場、日本酒造りの伝説がある宮水発祥之地など、一度は訪れたい魅力的なスポットが点在。

清流沿いに桜が咲き誇る並木道

夙《しゅく》川《がわ》河川敷緑地

ソメイヨシノを中心に約1660本の桜が咲き誇る並木道。「日本さくら名所100選」にも選ばれ、桜や紫陽花、紅葉、松並木などの樹々や花々に彩られる遊歩道は全長4kmに渡って続きます。

数々の歴史が誕生する聖地

阪神甲子園球場

1924年の開場以来、数々のドラマを生んできた阪神甲子園球場。高校球児の憧れの地であり、阪神タイガースの本拠地でもある日本の野球の聖地。隣接する甲子園歴史館も見応えあり。

西宮市内の情報はこちらで

阪神西宮おでかけ案内所

2018年10月に開設した「阪神西宮おでかけ案内所」は、灘五郷(西宮郷、今津郷)の玄関口でもある阪神西宮駅戎口改札前にあり、国内外からの来訪者・市民への地域情報発信や、イベントなども行っています。

もっと知りたい!
SAKEマニアは!

純米酒宮水仕込み 商売繁盛祈願
えべっさんの酒

縁起物のお目出度い酒として今年で32年目を迎え、西宮酒造家十日会有志による共同商品として数量限定で11月末～1月末に発売。期間中は参加メーカー直売店や、西宮神社では元旦と二日、十日えびす（1/9～11）「えべっさんの酒実行委員会が神社内で販売します。

●アルコール度＝15度以上16度未満
●境内販売価格／「えべっさんの酒 500ml」／3万本、
「福樽 300ml」／1,000個

えべっさんの酒は
西宮酒造家十日会の
共同商品です

島美人　金鷹　喜一　大関　扇正宗　白鷹　灘一　灘自慢　白鹿

各社お揃い
セットも有ります
（えびす暦入り）

宮水発祥之地の碑

「西宮の水」が略されて「宮水」と呼ばれるようになったこの水は、すっきり辛口で芳醇な「男酒」と言われる灘の酒造りに欠かせない名水。

大関酒造今津灯台

1810年（文化7年）、今津の酒造家「大関」の長部家五代目の長兵衛によって、今津港に出入りする樽廻船や漁船の安全を祈願し、私費を投じて創設。現在は、市指定重要有形文化財。

日本盛 酒蔵通り煉瓦館
ガラス工房やまむら

酒器・食器、オブジェなどの制作過程が目の前で見学できるほか、吹きガラス体験、サンドブラスト体験などガラス製品の制作も体験可能!オリジナルショップではアクセサリーなども販売。

住兵庫県西宮市用海町4-28
電0798-32-2556（ガラス工房直通）
営10:00～19:00（10月～3月）11:00～19:00（4月～9月）
休煉瓦館定休日

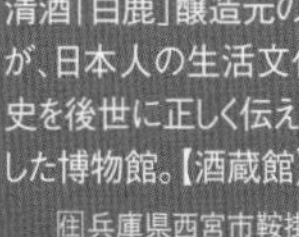

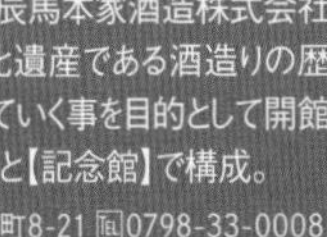

白鹿記念酒造博物館（酒ミュージアム）

清酒「白鹿」醸造元の辰馬本家酒造株式会社が、日本人の生活文化遺産である酒造りの歴史を後世に正しく伝えていく事を目的として開館した博物館。【酒蔵館】と【記念館】で構成。

住兵庫県西宮市鞍掛町8-21 電0798-33-0008
営10:00～17:00（入館は16:30まで）
料一般400円、中・小生200円（団体割引／20人以上2割引）
※特別展は別料金※記念館、酒蔵館は共通券
休火曜・年末年始・夏季休館

記念館

酒の歴史や文化を紹介する酒資料室、西宮市より寄託を受けている故笹部新太郎翁の「笹部さくらコレクション」などを展示し、春・秋の特別展を含め年5回の展覧会を開催。

酒蔵館

明治2年（1869）築の酒蔵を利用した酒蔵館では、かつての酒造りの様子や、酒造道具に触れる体験や酒造り映像・酒造り唄の視聴ができる。

施設内の「記念館」と「酒蔵館」は公道をはさんで離れた場所に建物があります。

Special experience Plan

JTB

パ酒ポート灘五郷
2019-2020発行記念

灘五郷をもっと知りたい！

普段できない
体験が盛り沢山！

参加権を
抽選で
合計40名様に
プレゼント！

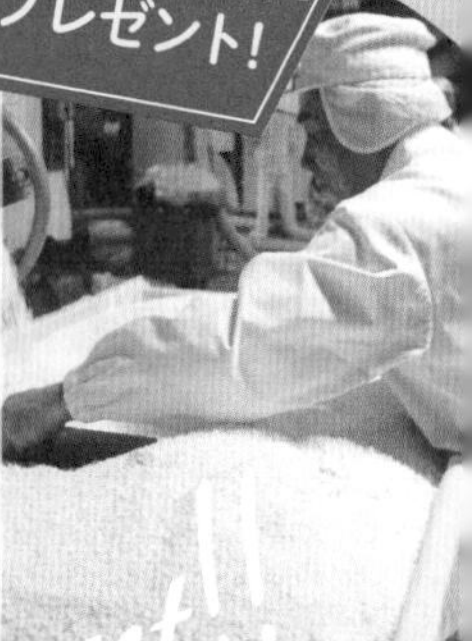

灘 五 郷
特別体験
企 画

Present!!

パ酒ポート灘五郷2019-2020の発行を記念して、灘五郷をより深く知ることのできる特別講義、通常見ることのできない工場見学や特別大吟醸の試飲といった特別体験ツアーの参加権を抽選で合計40名様にプレゼントいたします!!

11月/12月/1月/2月

【合計4回実施予定】

詳細は当選後ご案内いたします。

応募方法

「パ酒ポート灘五郷2019-2020」本ページ右下の応募券を郵便はがきに透明なテープ等でしっかりと貼り付け、お名前、性別、郵便番号、住所、電話番号を明記のうえ、所定の料金の切手を貼って左記あて先まで郵送でご応募ください。

○応募券1枚で1口としてご応募ください。
○お一人様何口でもご応募いただけますが、はがき1通につき1口分のご応募とさせていただきます。
○厳正なる抽選のうえ、当選者にはご連絡をさせていただきます。

パ酒ポート灘五郷発行記念
プレゼント
応募券

Special
experience
Plan

灘五郷特別体験企画
××× スケジュール ×××

ご集合:10:30(予定)灘五郷酒造組合

この日だけの
特別講義
を開催!

①灘五郷を学ぶ
灘五郷の歴史・風土・技について特別講義

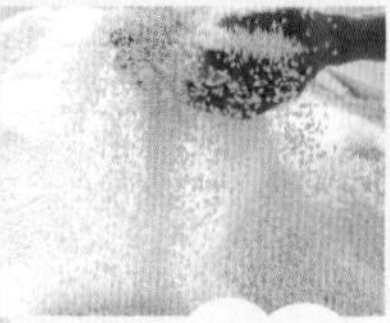

〜移動〜

この日だけの
特別メニュー
をご用意!

②ご昼食
酒蔵レストランでの特別メニューをご用意!
※ご昼食代2,000円お客様現地にてお支払い。

〜移動〜

普段できない
体験が
盛り沢山!

③各蔵の特別見学・体験プラン
各設定日、いずれか1か所〜2か所

(例)
◎大関・・・ワンカップ大関製造ラインの見学とショッピング
◎沢の鶴資料館・・・資料館見学と工場見学
◎菊正宗記念館・・・日本酒飲み方講座、特別大吟醸の試飲
◎白鶴資料館・・・館内ガイドツアーと特別大吟醸の試飲

※上記、体験プランのいづれかになります。(プランは選べません)
※全行程公共交通機関又は徒歩での移動となります。
<交通費はお客様にて現地お支払>

応募締切 2019年10月31日必着

あて先 〒541-0058 大阪市中央区南久宝寺町3丁目1-8 MPR本町ビル10階
灘五郷版 パ酒ポート事務局/(株)JTB 大阪第一事業部 営業5課内
「パ酒ポート灘五郷2019-2020発行記念企画」係

お問い合せ 灘五郷版 パ酒ポート事務局/(株)JTB 大阪第一事業部 営業5課内
TEL.06-6252-2515 (平日9:30〜17:30) 休業日/土日祝、年末年始(12/30〜1/3)

※掲載写真はすべてイメージです。

ハ酒ポート® 灘五郷 2019-2020 参加酒蔵

スタンプ帳

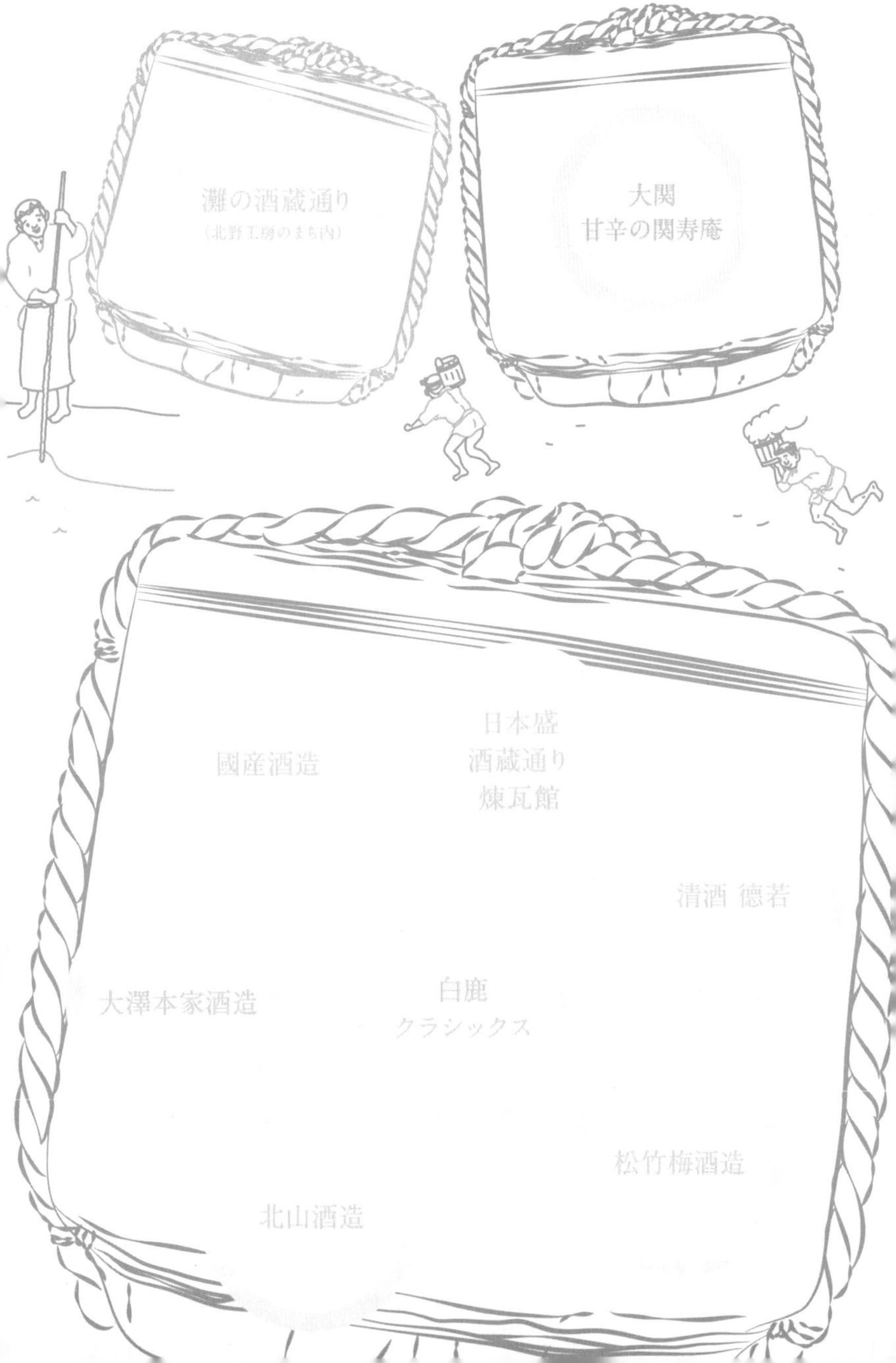